虚拟现实技术应用项目教程
（3ds Max+VRay+Unity）

朱文娟　张智晶　◎主　编

赖福生　◎副主编

唐笑吟　熊路娜　唐逸涛　◎参　编

电子工业出版社

Publishing House of Electronics Industry

北京·BEIJING

内 容 简 介

本书根据《中等职业学校专业教学标准（试行）信息技术类（第一辑）》中的相关教学内容和要求编写而成。本书的编写从满足经济发展对高素质劳动者和技能型人才的需求出发，在课程结构、教学内容、教学方法等方面进行新的探索与改革创新，有利于学生对本书内容的掌握和实际操作技能的提高。

本书以岗位工作过程来确定学习任务和目标，综合提升学生的专业能力、过程能力和职位差异能力，以具体的工作任务引领教学内容。本书由 12 个项目组成，每个项目由项目描述、学习目标、项目分析、实现步骤和项目评价组成。本书的主要目的是让学生熟练掌握三维场景制作与虚拟引擎交互的多种知识与创作技巧，为从事场景及道具模型制作、室内材质灯光渲染、摄像机漫游动画、虚拟现实与增强现实交互等一系列三维创意设计工作打下基础。

本书是数字媒体技术应用专业的核心课程教材，既可以作为三维设计方向的基础培训教材，也可以作为虚拟现实与增强现实应用开发人员的参考书。

图书在版编目（CIP）数据

虚拟现实技术应用项目教程：3ds Max+VRay+Unity / 朱文娟，张智晶主编. —北京：电子工业出版社，2024.4
ISBN 978-7-121-47742-3

Ⅰ. ①虚… Ⅱ. ①朱… ②张… Ⅲ. ①虚拟现实Ⅳ. ①TP391.98

中国国家版本馆 CIP 数据核字（2024）第 080135 号

责任编辑：郑小燕
印　　刷：天津千鹤文化传播有限公司
装　　订：天津千鹤文化传播有限公司
出版发行：电子工业出版社
　　　　　北京市海淀区万寿路 173 信箱　　　邮编：100036
开　　本：880×1230　　1/16　　印张：12.75　　字数：294 千字
版　　次：2024 年 4 月第 1 版
印　　次：2024 年 4 月第 1 次印刷
定　　价：49.80 元

凡所购买电子工业出版社图书有缺损问题，请向购买书店调换。若书店售缺，请与本社发行部联系，联系及邮购电话：（010）88254888，88258888。

质量投诉请发邮件至 zlts@phei.com.cn，盗版侵权举报请发邮件至 dbqq@phei.com.cn。

本书咨询联系方式：（010）88254550，zhengxy@phei.com.cn。

前　言

党的二十大报告指出："统筹职业教育、高等教育、继续教育协同创新，推进职普融通、产教融合、科教融汇，优化职业教育类型定位。"

为建立健全教育质量保障体系，提高职业教育质量，教育部办公厅于 2014 年发布了首批《中等职业学校专业教学标准（试行）》（以下简称专业教学标准）目录。专业教学标准是指导和管理中等职业学校教学工作的主要依据，是保证教育教学质量和人才培养规格的纲领性教学文件。《教育部办公厅关于公布首批〈中等职业学校专业教学标准（试行）〉目录的通知》（教职成厅函〔2014〕11 号）强调，"专业教学标准是开展专业教学的基本文件，是明确培养目标和规格、组织实施教学、规范教学管理、加强专业建设、开发教材和学习资源的基本依据，是评估教育教学质量的主要标尺，同时也是社会用人单位选用中等职业学校毕业生的重要参考"。

本书特色

本书根据教育部发布的《中等职业学校专业教学标准（试行）信息技术类（第一辑）》中的相关教学内容和要求进行编写。

本书的编写以岗位职业能力分析和职业技能考证为指导，以具体项目为引领，以实际工作案例为载体，强调理论与实践相结合，体系安排遵循学生的认知规律，进行深入浅出的讲解，在将三维图形技术的最新发展成果纳入教材的同时，力争使教材具有趣味性和启发性。本书由 12 个项目组成，每个项目由项目描述、学习目标、项目分析、实现步骤和项目评价组成。

课时分配

本书参考课时为 128 课时，具体安排可参见本书配套的电子教案。

本书作者

本书由朱文娟、张智晶担任主编，赖福生担任副主编，唐笑吟、熊路娜、唐逸涛参与编写。其中，项目 1、项目 2、项目 12 由朱文娟编写，项目 9、项目 10、项目 11 由张智晶编写，项目 3、项目 6、项目 8 由赖福生编写，项目 4、项目 5 由唐笑吟编写，项目 7 由熊路娜和唐逸涛编写，全书由朱文娟统稿。

教学资源

为了提升学习效率和教学效果，方便教师教学，本书配备了电子教案、教学指南、素材文件、微课及实战演练参考答案等教学资源。请有此需要的读者登录华信教育资源网免费注册后下载，若有问题，可在网站留言板上留言或与电子工业出版社联系。

编　者

目　　录

项目 1　客厅场景的制作

项目描述

　　客厅是房屋重要的组成部分，工作之余，一家人可以聚在里面看看电影，聊聊天，或者会会朋友；小朋友可以在其中玩游戏等。客厅对于我们来说很熟悉，比如里面摆放的物品、挂件等。本项目将制作一个现代客厅效果，如图 1-0-1 所示。

图 1-0-1　项目效果

学习目标

* 掌握【连接】命令、【翻转法线】命令的使用方法
* 掌握放样建模的方法
* 学习放样模型子对象的修改方法
* 学习可编辑多边形建模的方法

项目分析

　　墙体结构需要通过【翻转法线】命令获得；背景板的复制需要开启【顶点捕捉】功能；通过【连接】【插入】【挤出】【分离】等命令制作室内的窗户；使用放样制作窗帘，通过调节窗帘图形子对象修改窗帘效果；使用【可编辑多边形】工具制作柜体与电视机；通过导入其他模型完成场景建模。本项目主要需要完成以下 4 个环节。

　　① 墙体结构的制作。

　　② 窗户的制作。

　　③ 窗帘的制作。

　　④ 柜体与电视机的制作。

实现步骤

1.1　墙体结构的制作

STEP 01　执行菜单栏中的【自定义】→【单位设置】命令，在弹出的【单位设置】对话框中，选中【公制】单选按钮，并选择【米】单位。单击【系统单位设置】按钮，在弹出的【系统单位设置】对话框中，选择【米】单位，其他设置采用默认，单击【确定】按钮完成系统单位的设置，如图 1-1-1 所示。

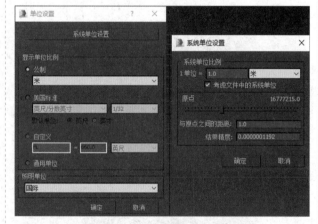

图 1-1-1　设置系统单位

STEP 02　单击【创建】→【几何体】按钮，在【对象类型】卷展栏中单击【长方体】按钮，在【透视】视图中创建一个长方体，如图 1-1-2 所示。

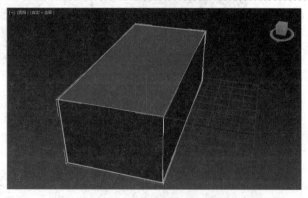

图 1-1-2　创建长方体（1）

STEP 03 进入【修改】 面板,设置【长度】为【8.0m】,【宽度】为【4.0m】,【高度】为【2.8m】,如图 1-1-3 所示。

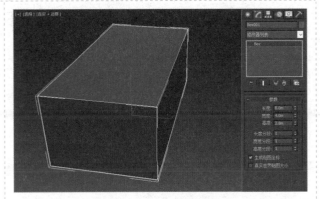

图 1-1-3 设置参数

STEP 04 右击长方体,在弹出的快捷菜单中执行【转换为】→【转换为可编辑多边形】命令,单击【多边形】 按钮或按【4】键,进入【多边形】子对象,选择视图中的多边形,按【Delete】键将其删除,如图 1-1-4 所示。

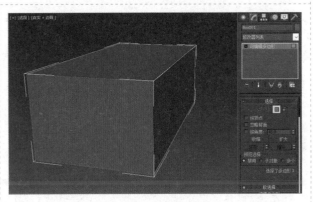

图 1-1-4 删除多边形

STEP 05 按【Ctrl+A】快捷键选择视图中的所有多边形并右击,在弹出的快捷菜单中执行【翻转法线】命令,如图 1-1-5 所示。

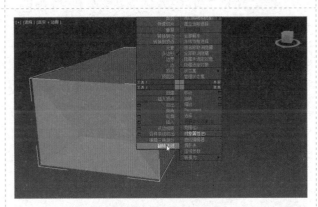

图 1-1-5 执行【翻转法线】命令

STEP 06 退出子对象选择,右击长方体,在弹出的快捷菜单中执行【对象属性】命令,弹出【对象属性】对话框,在【显示属性】栏中勾选【背面消隐】复选框,单击【确定】按钮退出对话框,如图 1-1-6 所示。

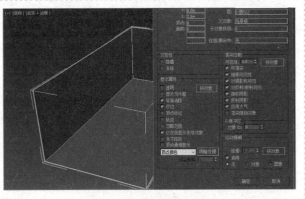

图 1-1-6 设置背面消隐

STEP 07 单击【创建】→【几何体】按钮，在【标准基本体】右侧下拉列表中，选择【拓展基本体】选项，单击【对象类型】卷展栏中的【切角长方体】按钮，勾选【自动栅格】复选框，在【透视】视图中的长方体表面上创建一个切角长方体，设置参数后调整模型位置，如图 1-1-7 所示。

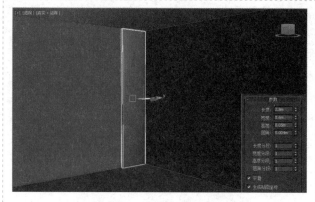

图 1-1-7 创建切角长方体

STEP 08 右击工具栏中的【捕捉开关】按钮，弹出【栅格和捕捉设置】对话框，勾选【顶点】复选框，如图 1-1-8 所示。

图 1-1-8 设置顶点捕捉

STEP 09 选择长方体，切换至【左】视图，调整视图大小，按住【Shift】键并使用【选择并移动】工具，捕捉长方体左下角顶点，沿 X 轴水平向右移动捕捉右侧顶点，弹出【克隆选项】对话框，设置【副本数】为【12】，单击【确定】按钮退出对话框，如图 1-1-9 所示。

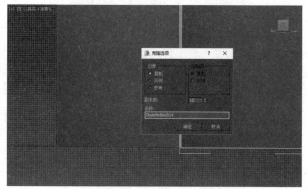

图 1-1-9 复制长方体（1）

STEP 10 单击【创建】→【几何体】按钮，在【对象类型】卷展栏中单击【长方体】按钮，勾选【自动栅格】复选框，在【透视】视图中的长方体表面上创建一个长方体，设置参数后使用【选择并移动】工具调整长方体位置，如图 1-1-10 所示。

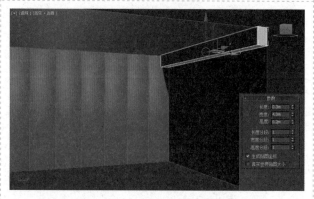

图 1-1-10 创建长方体（2）

STEP 11 选择第 10 步创建的长方体，在【透视】视图中，按住【Shift】键并使用【选择并移动】 ✛ 工具，沿 Z 轴垂直向下复制长方体，如图 1-1-11 所示。

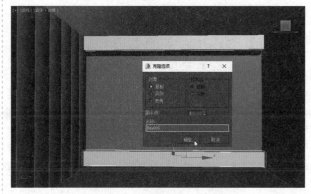

图 1-1-11　复制长方体（2）

STEP 12 分别使用【选择并移动】 ✛ 工具和【选择并缩放】 ◰ 工具，调整长方体的位置和比例，如图 1-1-12 所示。

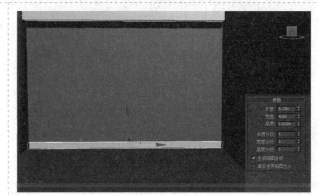

图 1-1-12　调整长方体的位置和比例

STEP 13 选择长方体，单击【捕捉开关】 ⟁ 按钮，在【透视】视图中，按住【Shift】键并使用【选择并旋转】 ↻ 工具，沿 Z 轴旋转−90 度复制长方体，如图 1-1-13 所示。

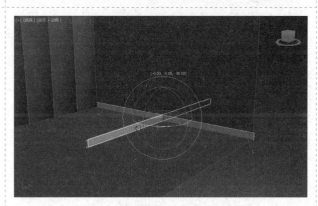

图 1-1-13　旋转并复制长方体

STEP 14 使用【选择并移动】 ✛ 工具，在【顶】视图中，调整长方体的位置，如图 1-1-14 所示。

图 1-1-14　调整长方体的位置（1）

STEP 15 使用【选择并移动】✛工具，在【前】视图中，调整长方体的位置，如图 1-1-15 所示。

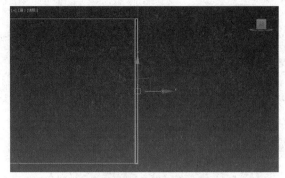

图 1-1-15　调整长方体的位置（2）

STEP 16 切换至【透视】视图，右击长方体，在弹出的快捷菜单中执行【转换为】→【转换为可编辑多边形】命令，进入【修改】⬚面板，单击【顶点】按钮，进入【顶点】子对象，选择顶点，使用【选择并移动】✛工具，沿 Y 轴调整长方体长度，如图 1-1-16 所示。

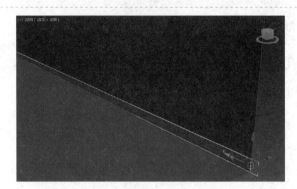

图 1-1-16　调整长方体长度

STEP 17 调整视图，制作完成的墙体结构如图 1-1-17 所示。

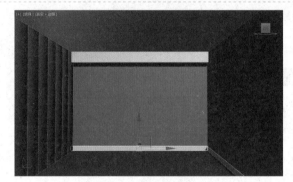

图 1-1-17　墙体结构效果

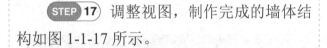

1.2　窗户的制作

STEP 01 选择长方体框架模型，按【Alt+Q】快捷键独立显示被选择的模型，如图 1-2-1 所示。

图 1-2-1　独立显示模型

STEP 02 单击【边】 按钮或按【2】键，进入【边】子对象，分别选择视图中的上、下两条边，如图 1-2-2 所示。

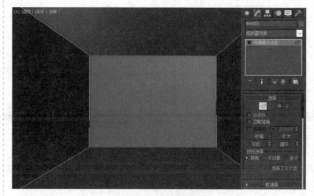

图 1-2-2　选择边（1）

STEP 03 右击，在弹出的快捷菜单中单击【连接】命令左侧的 按钮，分别设置【连接边-分段】 和【连接边-收缩】 为【2】和【55】，单击【确定】 按钮，如图 1-2-3 所示。

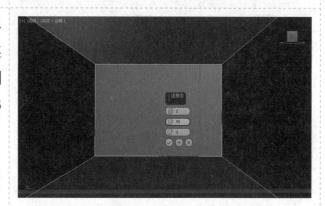

图 1-2-3　连接边（1）

STEP 04 分别选择连接生成的两条边，如图 1-2-4 所示。

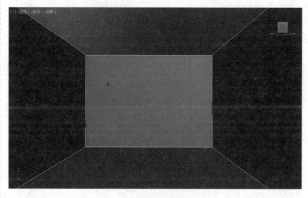

图 1-2-4　选择边（2）

STEP 05 右击，在弹出的快捷菜单中单击【连接】命令左侧的 按钮，分别设置【连接边-分段】 和【连接边-收缩】 为【2】和【50】，单击【确定】 按钮，如图 1-2-5 所示。

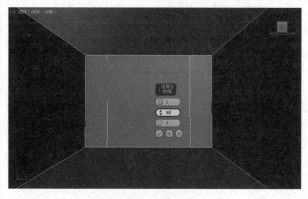

图 1-2-5　连接边（2）

STEP 06 单击【多边形】◻按钮或按【4】键，进入【多边形】子对象，选择视图中的多边形并右击，在弹出的快捷菜单中单击【挤出】命令左侧的◻按钮，设置【挤出多边形-高度】◻为【-0.2m】，单击【确定】✓按钮，如图1-2-6所示。

图1-2-6 挤出（1）

STEP 07 单击【边】◢按钮或按【2】键，进入【边】子对象，分别选择视图中最里面的上、下两条边，如图1-2-7所示。

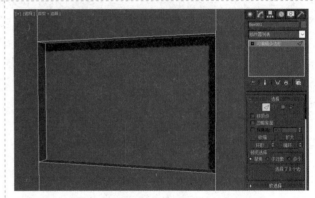

图1-2-7 选择边（3）

STEP 08 右击，在弹出的快捷菜单中单击【连接】命令左侧的◻按钮，分别设置【连接边-分段】◻和【连接边-收缩】◻为【2】和【0】，单击【确定】✓按钮，如图1-2-8所示。

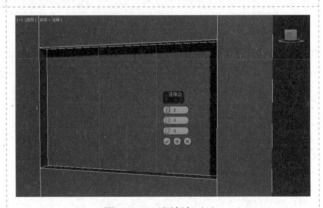

图1-2-8 连接边（3）

STEP 09 分别选择最里面垂直方向的4条边，如图1-2-9所示。

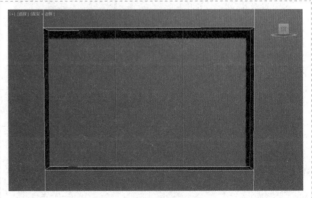

图1-2-9 选择边（4）

STEP **10** 右击，在弹出的快捷菜单中单击【连接】命令左侧的▭按钮，分别设置【连接边-分段】▤和【连接边-滑块】▥为【1】和【30】，单击【确定】☑按钮，如图 1-2-10所示。

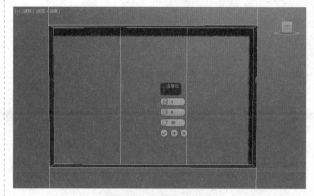

图 1-2-10 连接边（4）

STEP **11** 单击【多边形】▭按钮或按【4】键，进入【多边形】子对象，分别选择视图中的 6 个多边形，如图 1-2-11 所示。

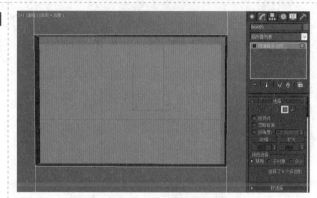

图 1-2-11 选择多边形

STEP **12** 右击，在弹出的快捷菜单中单击【插入】命令左侧的▭按钮，先选择【插入-按多边形】选项，再设置【插入-数量】▢为【0.045m】，单击【确定】☑按钮，如图 1-2-12所示。

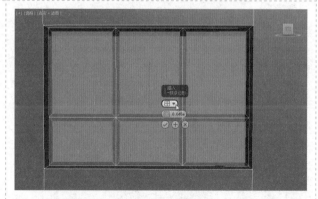

图 1-2-12 插入

STEP **13** 右击，在弹出的快捷菜单中单击【挤出】命令左侧的▭按钮，设置【挤出多边形-高度】为【-0.08m】，单击【确定】☑按钮，如图 1-2-13 所示。

图 1-2-13 挤出（2）

STEP 14 单击【编辑几何体】卷展栏中的【分离】按钮，弹出【分离】对话框，在【分离为】输入框中输入【玻璃】，单击【确定】按钮，并退出子对象选择，如图 1-2-14 所示。

图 1-2-14　分离（1）

STEP 15 选择墙体模型，单击【多边形】■按钮或按【4】键，进入【多边形】子对象，选择视图中的窗框多边形，单击【编辑几何体】卷展栏中的【分离】按钮，弹出【分离】对话框，在【分离为】输入框中输入【窗框】，单击【确定】按钮，并退出子对象选择，如图 1-2-15 所示。

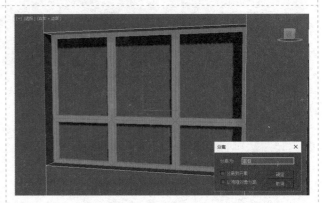

图 1-2-15　分离（2）

STEP 16 选择场景中的所有模型，在【创建】面板中，单击【名称和颜色】卷展栏中的【对象颜色】色块，弹出【对象颜色】对话框，单击【自定义颜色】模块中的第 1 个灰色方块，单击【确定】按钮，如图 1-2-16 所示。

图 1-2-16　设置颜色

STEP 17 切换至【透视】视图，参考第 16 步中的颜色设置方法给玻璃设置颜色，完成窗户的制作，效果如图 1-2-17 所示。

图 1-2-17　窗户效果

1.3 窗帘的制作

STEP 01 切换至【顶】视图，按【F3】键切换至【线框】显示模式，调整视图大小，如图 1-3-1 所示。

图 1-3-1 调整视图大小

STEP 02 单击【创建】→【图形】 按钮，进入【图形】面板，在【对象类型】卷展栏中单击【线】按钮，在【创建方法】卷展栏中设置【初始类型】为【平滑】，【拖动类型】为【平滑】，在【顶】视图中绘制折线，如图 1-3-2 所示。

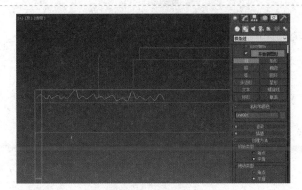

图 1-3-2 绘制折线

STEP 03 切换至【前】视图，调整视图大小，继续使用【线】工具，按住【Shift】键自下而上绘制一条直线，如图 1-3-3 所示。

注：在绘制线的过程中按住【Shift】键能绘制直线。

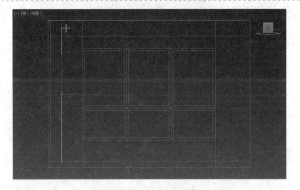

图 1-3-3 绘制直线

STEP 04 在【透视】视图中选择直线，使用【选择并移动】 工具将直线移动到折线位置，如图 1-3-4 所示。

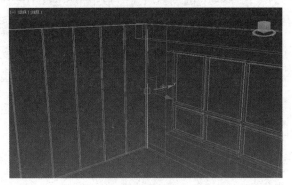

图 1-3-4 移动位置

STEP 05 选择直线，单击【创建】→【几何体】 ○按钮，在【标准几何体】下拉列表中选择【复合对象】类型，在【对象类型】卷展栏中单击【放样】按钮，在【创建方法】卷展栏中单击【获取图形】按钮，单击视图中的折线，如图 1-3-5 所示。

图 1-3-5　放样

STEP 06 按【F3】键显示模型效果，使用【选择并移动】 ✛工具调整窗帘模型在场景中的位置，如图 1-3-6 所示。

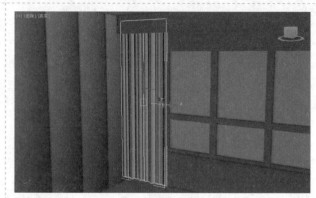

图 1-3-6　调整位置（1）

STEP 07 进入【修改】 ⟋面板，展开修改器堆栈中的【Loft】层级，选择【图形】子对象，如图 1-3-7 所示。

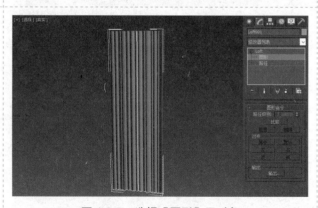

图 1-3-7　选择【图形】子对象

STEP 08 选择视图中放样模型上的折线，按住【Shift】键并使用【选择并移动】 ✛工具，沿 Z 轴垂直向上复制图形，弹出【复制图形】对话框，选中【复制】单选按钮，单击【确定】按钮，如图 1-3-8 所示。

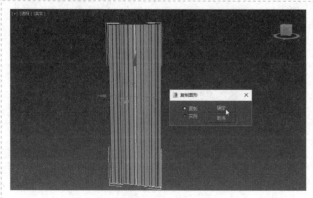

图 1-3-8　复制图形（1）

STEP 09 按住【Shift】键并使用【选择并移动】✛工具，沿 Z 轴继续垂直向上复制图形，弹出【复制图形】对话框，采用默认设置，单击【确定】按钮，如图 1-3-9 所示。

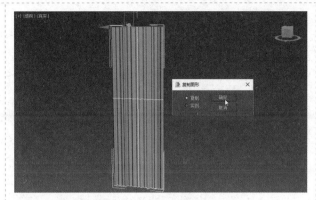

图 1-3-9 复制图形（2）

STEP 10 选择中间的折线，在【修改】◢面板中，展开修改器堆栈中的【Line】层级，选择【顶点】子对象，如图 1-3-10 所示。

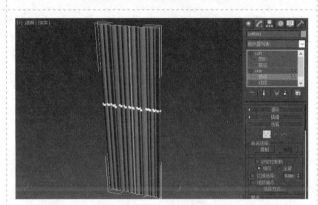

图 1-3-10 选择折线（1）

STEP 11 在视图中的折线上随机选择顶点并按【Delete】键将其删除，如图 1-3-11 所示。

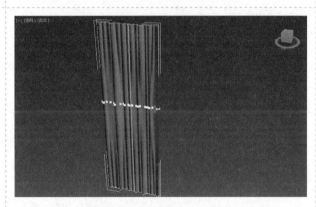

图 1-3-11 删除顶点（1）

STEP 12 展开修改器堆栈中的【Loft】层级，选择【图形】子对象，回到【图形】子对象，选择视图中放样模型下面的折线，如图 1-3-12 所示。

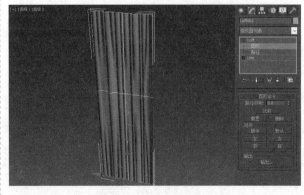

图 1-3-12 选择折线（2）

STEP 13 展开修改器堆栈中的【Line】层级，选择【顶点】子对象，在视图中的折线上随机选择顶点并按【Delete】键将其删除，如图 1-3-13 所示。

注：经过对放样模型上折线顶点的随机删除，3 条折线的形状就发生了变化，得到的放样模型将更加自然。

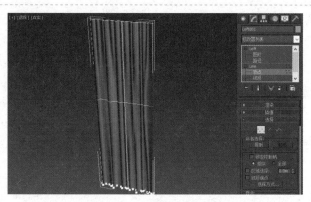

图 1-3-13　删除顶点（2）

STEP 14 单击状态栏中的【孤立当前选择切换】按钮，退出子对象选择，回到【Loft】层级，选择放样模型，使用【选择并移动】工具，调整模型的位置，如图 1-3-14 所示。

图 1-3-14　调整位置（2）

STEP 15 切换至【顶】视图，按【F3】键切换至【线框】显示模式，选择窗帘模型，按住【Shift】键并使用【选择并移动】工具，沿 X 轴水平复制模型，在弹出的【克隆选项】对话框中采用默认设置，如图 1-3-15 所示。

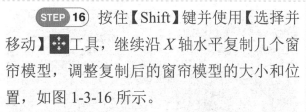

图 1-3-15　复制模型

STEP 16 按住【Shift】键并使用【选择并移动】工具，继续沿 X 轴水平复制几个窗帘模型，调整复制后的窗帘模型的大小和位置，如图 1-3-16 所示。

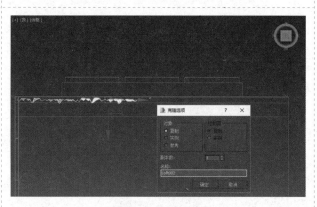

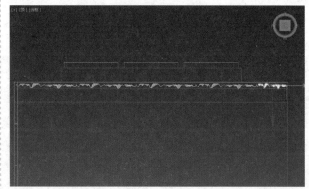

图 1-3-16　复制并调整窗帘模型的大小和位置

STEP 17 切换至【透视】视图，按【F3】键切换至【真实】显示模式，制作完成后的窗帘效果如图 1-3-17 所示。

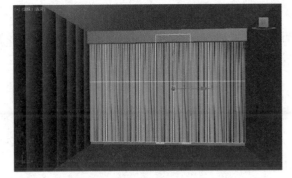

图 1-3-17 窗帘效果

1.4 柜体与电视机的制作

STEP 01 单击【创建】→【几何体】○按钮，在【对象类型】卷展栏中单击【长方体】按钮，勾选【自动栅格】复选框，在【透视】视图中的长方体表面上创建一个长方体，如图 1-4-1 所示。

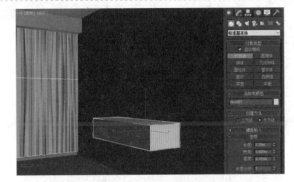

图 1-4-1 创建长方体

STEP 02 进入【修改】面板，设置【长度】为【0.3m】，【宽度】为【2.2m】，【高度】为【0.4m】，【宽度分段】为【3】，如图 1-4-2 所示。

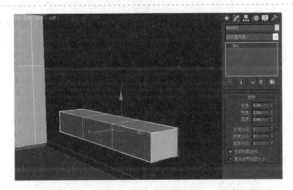

图 1-4-2 设置参数

STEP 03 右击长方体，在弹出的快捷菜单中执行【转换为】→【转换为可编辑多边形】命令，如图 1-4-3 所示。

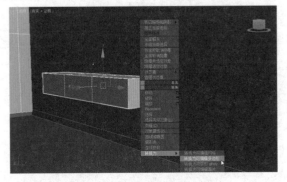

图 1-4-3 转换为可编辑多边形

STEP 04 进入【修改】 面板，单击【多边形】 按钮或按【4】键，进入【多边形】子对象，分别选择视图中的 3 个多边形，如图 1-4-4 所示。

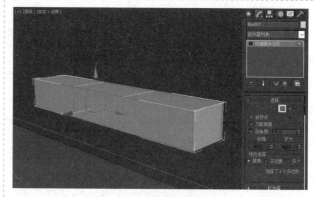

图 1-4-4　选择多边形（1）

STEP 05 右击，在弹出的快捷菜单中单击【插入】命令左侧的 按钮，先选择【插入-按多边形】选项，再设置【插入-数量】 为【0.03m】，单击【确定】 按钮，如图 1-4-5 所示。

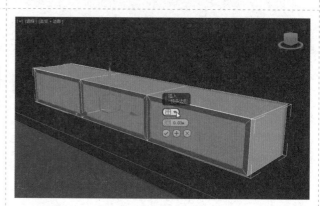

图 1-4-5　插入（1）

STEP 06 右击，在弹出的快捷菜单中单击【挤出】命令左侧的 按钮，设置【挤出多边形-高度】 为【-0.02m】，单击【确定】 按钮，如图 1-4-6 所示。

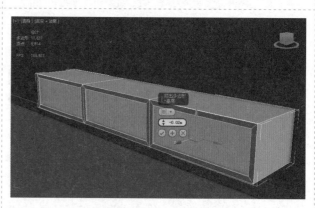

图 1-4-6　挤出（1）

STEP 07 右击，在弹出的快捷菜单中单击【挤出】命令左侧的 按钮，设置【挤出多边形-高度】 为【-0.35m】，单击【确定】 按钮，如图 1-4-7 所示。

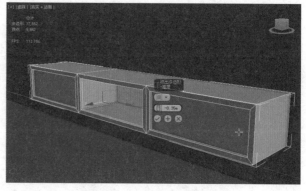

图 1-4-7　挤出（2）

STEP 08 单击【创建】→【几何体】 按钮，在【对象类型】卷展栏中单击【长方体】按钮，勾选【自动栅格】复选框，在【透视】视图中的长方体上方创建一个长方体，并设置参数，如图 1-4-8 所示。

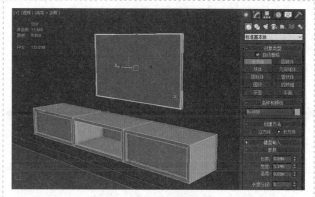

图 1-4-8 创建长方体并设置参数

STEP 09 右击长方体，在弹出的快捷菜单中执行【转换为】→【转换为可编辑多边形】命令，进入【修改】 面板，单击【多边形】 按钮或按【4】键，进入【多边形】子对象，选择视图中的多边形，如图 1-4-9 所示。

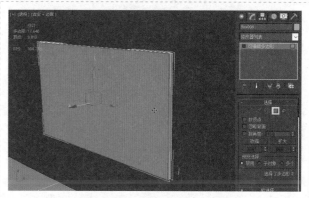

图 1-4-9 选择多边形（2）

STEP 10 右击，在弹出的快捷菜单中单击【插入】命令左侧的 按钮，设置【插入-数量】 为【0.02m】，单击【确定】 按钮，如图 1-4-10 所示。

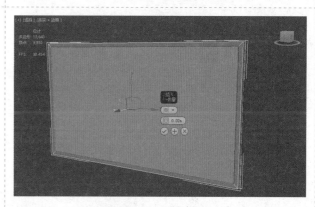

图 1-4-10 插入（2）

STEP 11 右击，在弹出的快捷菜单中单击【挤出】命令左侧的 按钮，设置【挤出多边形-高度】 为【-0.01m】，单击【确定】 按钮，如图 1-4-11 所示。

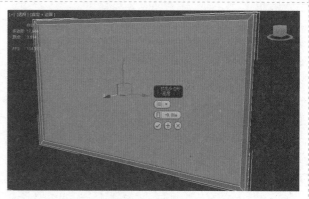

图 1-4-11 挤出（3）

STEP 12 单击【编辑几何体】卷展栏中的【分离】按钮，弹出【分离】对话框，在【分离为】输入框中输入【电视机屏幕】，单击【确定】按钮，并退出子对象选择，如图 1-4-12 所示。

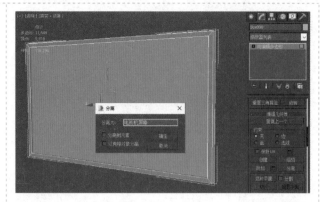

图 1-4-12　分离

STEP 13 选择【电视机屏幕】选项，进入【修改】面板，单击【对象颜色】色块，弹出【对象颜色】对话框，给屏幕设置一个颜色，单击【确定】按钮，如图 1-4-13 所示。

图 1-4-13　设置颜色

STEP 14 选择电视机模型，单击工具栏上的【镜像】按钮，弹出【镜像】对话框，设置【克隆当前选择】为【复制】，单击【确定】按钮，如图 1-4-14 所示。

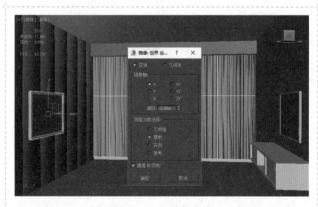

图 1-4-14　镜像复制

STEP 15 使用【选择并移动】工具，调整镜像后的模型位置，如图 1-4-15 所示。

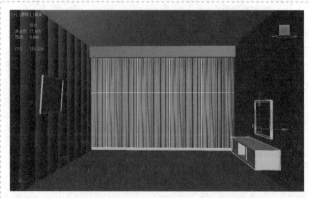

图 1-4-15　调整模型位置

STEP 16　单击 下拉按钮，在弹出的下拉列表中选择【导入】→【合并】选项，完成其他模型的导入与位置的调整，如图 1-4-16 所示。

图 1-4-16　导入模型并调整位置

STEP 17　给场景模型设置材质/贴图，并设置灯光效果，完成渲染，最终效果如图 1-4-17 所示。

注：关于材质/贴图及灯光布局，读者可参考本书相关项目自行完成。

图 1-4-17　最终效果

1.5　相关知识

放样是 3ds Max 中比较重要的建模方法，通过放样可以制作出各种复杂的模型，那么如何正确进行放样呢？下面介绍相关知识。

（1）放样至少需要两个元素，一个为放样路径，另一个为放样图形，放样路径的起点是放样路径的 0 位置，终点为 100 位置，如图 1-5-1 所示。

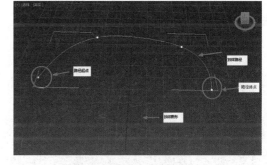

图 1-5-1　放样

（2）放样生成后，放样图形会出现在放样路径的 0 位置，如图 1-5-2 所示。

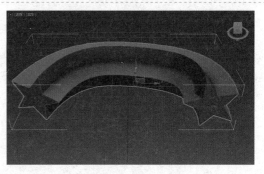

图 1-5-2　放样生成

（3）进入【修改】面板，在【图形】子对象中可以对路径 0 位置上的图形进行复制，复制沿路径移动，如图 1-5-3 所示，用户可以对这些图形进行缩放、旋转、移动等操作，从而改变模型效果。

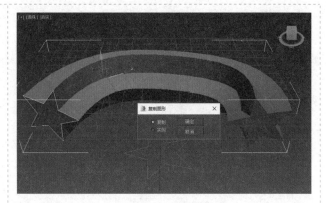

图 1-5-3　复制图形

（4）可以在放样模型路径上添加各种形状的图形，先设置路径位置，然后通过单击【获取图形】按钮选择需要添加的图形，如图 1-5-4 所示。

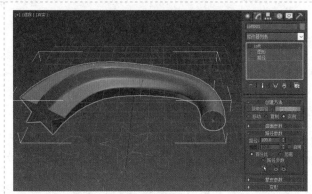

图 1-5-4　添加图形

（5）当复制的两个图形的位置很接近时，将出现结构突变效果，如图 1-5-5 所示，把首尾两个图形都向中心靠近后产生突变结构。

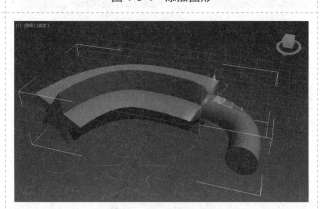

图 1-5-5　移动图形

（6）放样图形可以是多个形状组成的一个图形，但要满足路径不同位置上的图形数量一样才能成功，图 1-5-6 中的模型路径 0 位置和路径 100 位置上的图形都由两个形状组成。

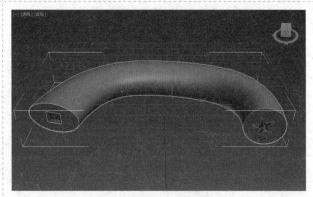

图 1-5-6　复杂的放样图形

1.6　实战演练

生活中我们会接触到各式各样的印章，其材质也丰富多样，接下来通过放样制作一个印章。印章效果如图 1-6-1 所示。

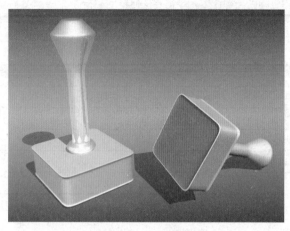

图 1-6-1　印章效果

 制作要求

（1）模型建立准确，技巧熟练。

（2）使用本项目所学的技能完成制作。

（3）构图合理，灯光表现准确。

制作提示

（1）使用放样制作模型。

（2）放样路径为一条直线，放样图形为圆形和圆角矩形。

（3）通过放样子对象对路径上的图形进行缩放。

（4）采用布光法完成灯光布局。

 项目评价

项目实训评价表						
项目	内容		评定等级			
	学习目标	评价项目	4	3	2	1
职业能力	熟练使用【放样】工具	能正确放样模型				
		能对放样模型进行修改				
	熟练制作柜体与电视机	能熟练使用【可编辑多边形】工具的各种命令				
		能使用【可编辑多边形】工具进行模型创建				
	调整各模型的比例	能熟练导入并合并模型				
		能熟练调整场景模型的比例				
综合评价						

评定等级说明表	
等级	说明
4	能高质、高效地完成此学习目标的全部内容，并能解决遇到的特殊问题
3	能高质、高效地完成此学习目标的全部内容
2	能圆满完成此学习目标的全部内容，不需要任何帮助和指导
1	能圆满完成此学习目标的全部内容，但偶尔需要帮助和指导

最终等级说明表	
等级	说明
优秀	80%项目达到 3 级水平
良好	60%项目达到 2 级水平
合格	全部项目都达到 1 级水平
不合格	不能达到 1 级水平

项目 2　室外展厅的制作

项目描述

　　生活中，我们会经常参加一些展览活动，如商品展销会、动漫展、车展等，这些活动会在一个比较大的室外或室内场所中举办，而每个公司都会根据展示的主题制作展厅，本项目将制作一个室外电器展厅效果，如图 2-0-1 所示。

图 2-0-1　项目效果

学习目标

- 掌握布尔运算建模技巧
- 掌握二维物体可渲染的设置及应用方法
- 掌握可编辑多边形子对象调整的方法
- 掌握【插入】【挤出】【倒角】【分离】等命令的使用方法

项目分析

　　本项目中的部分墙体镂空效果使用布尔运算实现；顶部造型主要使用【挤出】和【倒角】命令实现；显示区使用【可编辑多边形】工具和二维物体可渲染实现；展示区主要完成台阶模型的制作，通过移动和缩放操作并配合【Shift】键进行快速建面。本项目主要需要完成以下 4 个环节。

　　① 墙体造型的制作。

　　② 显示区的制作。

　　③ 顶部造型的制作。

　　④ 展示区的制作。

实现步骤

2.1　墙体造型的制作

STEP 01 单击【创建】→【几何体】○按钮，在【对象类型】卷展栏中单击【长方体】按钮，在【透视】视图中创建一个长方体并设置参数，如图 2-1-1 所示。

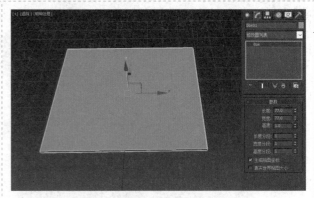

图 2-1-1　创建长方体并设置参数（1）

STEP 02 单击【创建】→【几何体】○按钮，在【对象类型】卷展栏中单击【长方体】按钮，勾选【自动栅格】复选框，在【透视】视图中的长方体表面上创建一个长方体并设置参数，如图 2-1-2 所示。

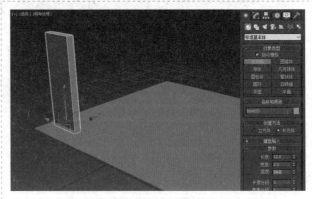

图 2-1-2　创建长方体并设置参数（2）

STEP 03　选择第 2 步创建的长方体，在【透视】视图中，按住【Shift】键并使用【选择并移动】工具，沿 XY 平面复制长方体，如图 2-1-3 所示，将复制后的长方体命名为【装饰板 01】。

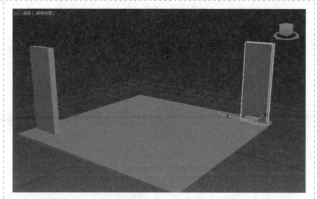

图 2-1-3　复制（1）

STEP 04　参照第 3 步的方法，继续复制长方体，如图 2-1-4 所示。

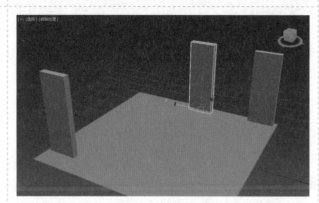

图 2-1-4　复制（2）

STEP 05　分别使用【选择并移动】工具和【选择并缩放】工具，调整长方体的位置和比例，如图 2-1-5 所示。

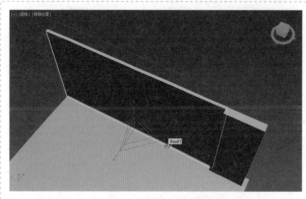

图 2-1-5　调整长方体的位置和比例（1）

STEP 06　选择长方体，单击【捕捉开关】按钮，在【透视】视图中，按住【Shift】键并使用【选择并旋转】工具，沿 Z 轴旋转 90 度复制长方体，如图 2-1-6 所示。

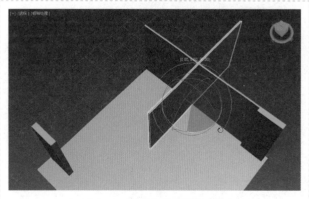

图 2-1-6　旋转并复制长方体

STEP 07 分别使用【选择并移动】⊕工具和【选择并缩放】▣工具，调整长方体的位置和比例，如图 2-1-7 所示。

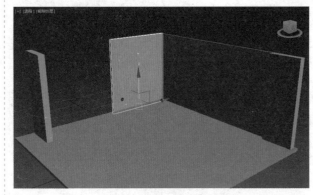

图 2-1-7 调整长方体的位置和比例（2）

STEP 08 选择【装饰板 01】长方体，按【Alt+Q】快捷键独立显示选择的长方体并右击，在弹出的快捷菜单中执行【转换为】→【转换为可编辑多边形】命令，单击【建模】→【编辑】→【快速循环】▥按钮，如图 2-1-8 所示。

图 2-1-8 转换为可编辑多边形

STEP 09 使用【快速循环】▥工具在模型合适的位置添加循环线，如图 2-1-9 所示。

注：【快速循环】▥工具可以在模型上快速添加循环线，其在建模过程中经常被用到。

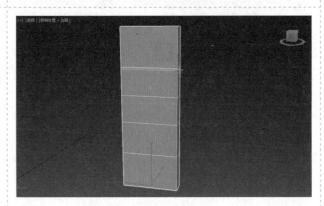

图 2-1-9 添加循环线（1）

STEP 10 继续添加循环线，如图 2-1-10 所示。

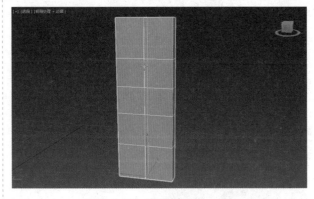

图 2-1-10 添加循环线（2）

STEP 11 单击【创建】→【几何体】
按钮，在【对象类型】卷展栏中单击【圆柱
体】按钮，勾选【自动栅格】复选框，在【透
视】视图中的长方体表面上创建一个圆柱体，
如图 2-1-11 所示。

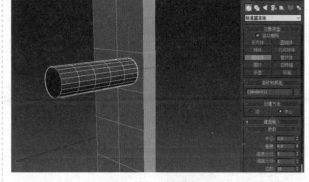

图 2-1-11　创建圆柱体

STEP 12 进入【修改】面板，设置【高
度分段】为【1】，使用【选择并移动】工
具调整圆柱体的位置，效果如图 2-1-12 所示。

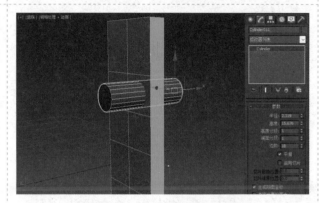

图 2-1-12　设置参数并调整位置

STEP 13 选择圆柱体，在【透视】视图
中，按住【Shift】键并使用【选择并移动】
工具，沿 Y 轴水平向左复制圆柱体，如
图 2-1-13 所示。

注：按住【Alt】键并单击鼠标中键可以
旋转视图。

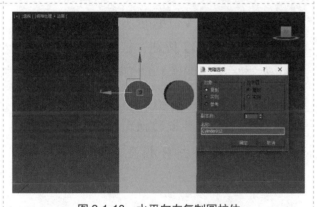

图 2-1-13　水平向左复制圆柱体

STEP 14 分别选择上面创建的两个圆柱
体，在【透视】视图中，按住【Shift】键并使
用【选择并移动】工具，沿 Z 轴垂直向下
复制圆柱体，弹出【克隆选项】对话框，在该
对话框中设置【副本数】为【2】，单击【确
定】按钮，如图 2-1-14 所示。

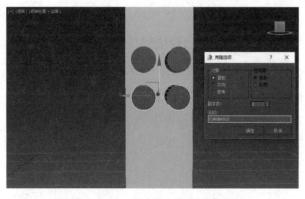

图 2-1-14　垂直向下复制圆柱体

27

STEP 15 分别选择视图中的 6 个圆柱体，进入【实用程序】![]面板，依次单击【塌陷】【塌陷选定对象】按钮，如图 2-1-15 所示。

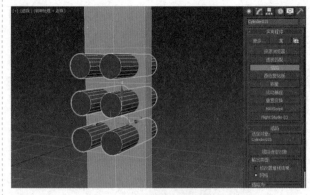

图 2-1-15 塌陷模型（1）

STEP 16 选择长方体，单击【创建】→【几何体】![]按钮，在【标准基本体】下拉列表中选择【复合对象】类型，在【对象类型】卷展栏中单击【布尔】按钮，如图 2-1-16 所示。

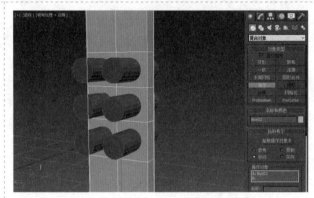

图 2-1-16 选择【复合对象】类型

STEP 17 在【拾取布尔】卷展栏中单击【拾取操作对象 B】按钮，依次单击视图中的圆柱体，结果如图 2-1-17 所示。

注：布尔运算默认为 A-B，开始选择的模型为 A，后面单击的模型为 B，模型运算结果是 A 模型减去 B 模型与 A 模型相交的部分。

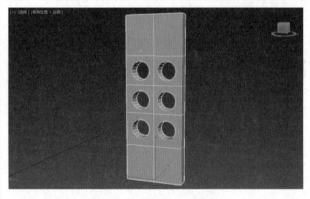

图 2-1-17 布尔运算（1）

STEP 18 单击状态栏中的【孤立当前选择切换】![]按钮，选择场景中左侧的长方体并右击，在弹出的快捷菜单中执行【转换为】→【转换为可编辑多边形】命令，参照第 9 步中添加循环线的方法给这个长方体添加循环线，如图 2-1-18 所示。

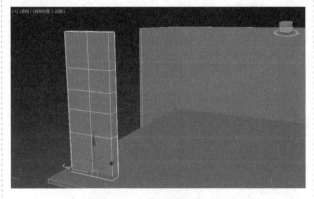

图 2-1-18 添加循环线（3）

STEP 19 单击【创建】→【图形】 按钮，在【对象类型】卷展栏中单击【星形】按钮，勾选【自动栅格】复选框，在【透视】视图中的长方体表面上创建一个星形，如图 2-1-19 所示。

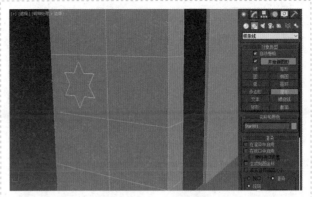

图 2-1-19 创建星形

STEP 20 进入【修改】 面板，给星形添加一个【挤出】修改器，设置挤出【数量】参数，效果如图 2-1-20 所示。

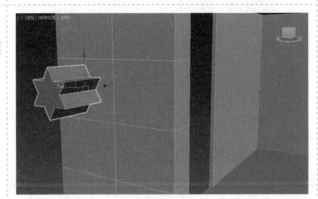

图 2-1-20 挤出

STEP 21 使用【选择并移动】 工具，调整星形位置，使它贯穿长方体，参照第 13 步和第 14 步中的方法复制另外 5 个星形，如图 2-1-21 所示。

注：若要从一个模型上用布尔运算减出一个洞，则减去的模型一定要贯穿被减的模型。

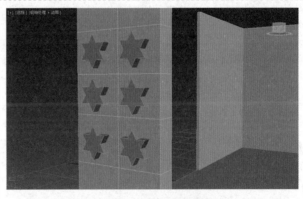

图 2-1-21 移动并复制星形

STEP 22 分别选择 6 个星形，进入【实用程序】 面板，依次单击【塌陷】【塌陷选定对象】按钮，如图 2-1-22 所示。

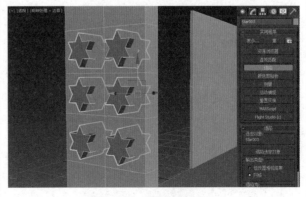

图 2-1-22 塌陷模型（2）

STEP 23 选择长方体，单击【创建】→【几何体】⬤按钮，在【标准几何体】下拉列表中选择【复合对象】类型，在【对象类型】卷展栏中单击【布尔】按钮，在【拾取布尔】卷展栏中单击【拾取操作对象 B】按钮，依次单击视图中的星形，结果如图 2-1-23 所示。

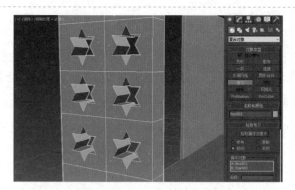

图 2-1-23　布尔运算（2）

STEP 24 调整视图，制作完成后的墙体造型效果如图 2-1-24 所示。

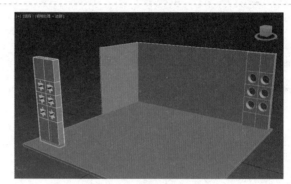

图 2-1-24　墙体造型效果

2.2　显示区的制作

STEP 01 单击【创建】→【图形】🔲按钮，在【对象类型】卷展栏中单击【矩形】按钮，在【前】视图中创建一个矩形，如图 2-2-1 所示。

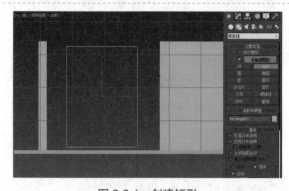

图 2-2-1　创建矩形

STEP 02 右击矩形，在弹出的快捷菜单中执行【转换为】→【转换为可编辑样条线】命令，进入【修改】◪面板，单击【顶点】按钮，进入【顶点】子对象，分别选择 4 个顶点，使用【圆角】工具对顶点进行圆角操作，如图 2-2-2 所示。

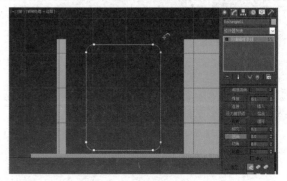

图 2-2-2　圆角操作

STEP 03 勾选【在渲染中启用】和【在视口中启用】两个复选框，选中【矩形】单选按钮，设置【长度】为【2.0】，【宽度】为【2.0】，如图 2-2-3 所示。

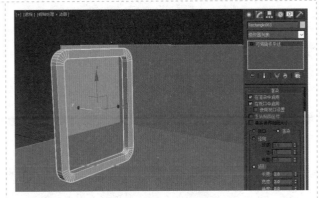

图 2-2-3　设置参数

STEP 04 单击【创建】→【图形】按钮，在【对象类型】卷展栏中单击【线】按钮，在【前】视图中绘制一条直线，勾选【在渲染中启用】和【在视口中启用】两个复选框，选中【径向】单选按钮，设置【厚度】为【1.5】，【边】为【8】，如图 2-2-4 所示。

注：在绘制线时，按住【Shift】键可以绘制直线。

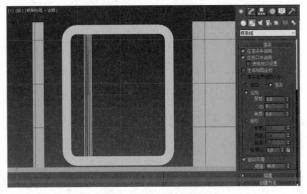

图 2-2-4　绘制直线

STEP 05 选择直线，按住【Shift】键并使用【选择并移动】工具，在【前】视图中沿 X 轴水平向右复制 3 条直线，如图 2-2-5 所示。

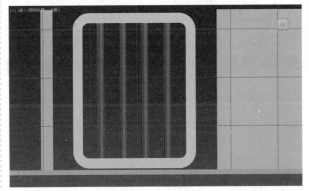

图 2-2-5　复制直线

STEP 06 单击【创建】→【几何体】按钮，在【对象类型】卷展栏中单击【长方体】按钮，在【前】视图中创建一个长方体，如图 2-2-6 所示。

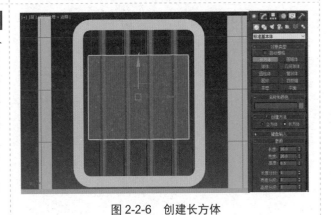

图 2-2-6　创建长方体

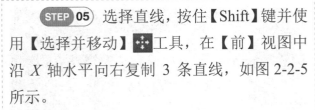

31

STEP 07 右击长方体，在弹出的快捷菜单中执行【转换为】→【转换为可编辑多边形】命令，如图 2-2-7 所示。

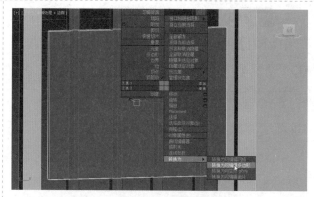

图 2-2-7　转换为可编辑多边形

STEP 08 按【Alt+Q】快捷键独立显示模型，单击【多边形】按钮，进入【多边形】子对象，选择视图中的多边形并右击，在弹出的快捷菜单中单击【插入】命令左侧的 ▣ 按钮，设置【插入】 ▣ 为【0.6】，单击【确定】 ✅ 按钮，如图 2-2-8 所示。

图 2-2-8　插入

STEP 09 右击，在弹出的快捷菜单中单击【挤出】命令左侧的 ▣ 按钮，设置【挤出多边形-高度】 ▣ 为【-0.3】，单击【确定】 ✅ 按钮，如图 2-2-9 所示。

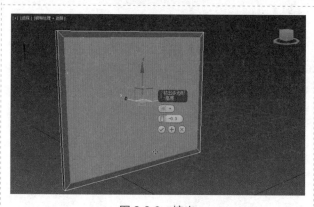

图 2-2-9　挤出

STEP 10 单击【编辑几何体】卷展栏中的【分离】按钮，弹出【分离】对话框，在【分离为】输入框中输入【屏幕】，单击【确定】按钮，并退出子对象选择，如图 2-2-10 所示。

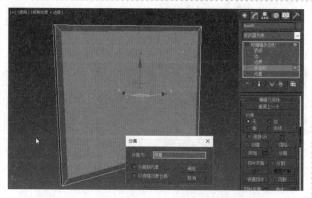

图 2-2-10　分离

STEP 11 选择屏幕模型，按【M】键打开【材质编辑器】窗口，给第 1 个材质球设置一个蓝色材质，指定给屏幕模型，如图 2-2-11 所示。

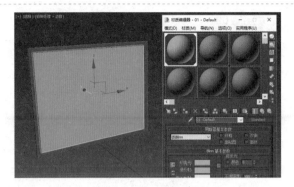

图 2-2-11　指定材质

STEP 12 单击状态栏中的【孤立当前选择切换】按钮，使用【选择并移动】工具调整模型的位置，如图 2-2-12 所示。

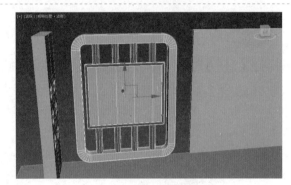

图 2-2-12　调整位置

2.3　顶部造型的制作

STEP 01 单击【创建】→【图形】按钮，在【对象类型】卷展栏中单击【线】按钮，在【创建方法】卷展栏中设置【初始类型】为【平滑】，【拖动类型】为【平滑】，在【顶】视图中绘制图形，进入【修改】面板，在【选择】卷展栏中单击【顶点】按钮，进入【顶点】子对象，调整顶点的类型和位置，如图 2-3-1 所示。

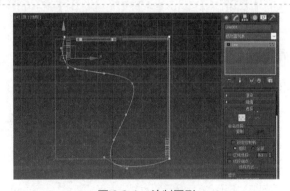

图 2-3-1　绘制图形

STEP 02 切换至【透视】视图，使用【选择并移动】工具沿 Z 轴垂直向上移动线的位置，如图 2-3-2 所示。

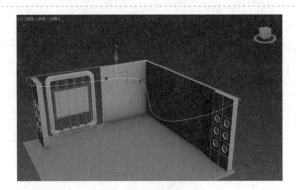

图 2-3-2　调整位置

STEP 03 进入【修改】 面板，给图形添加【挤出】修改器，设置【数量】为【2.0】，如图 2-3-3 所示。

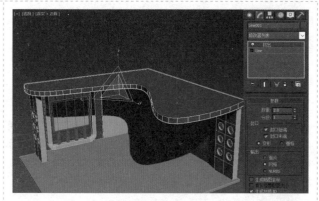

图 2-3-3 挤出（1）

STEP 04 右击图形，在弹出的快捷菜单中执行【转换为】→【转换为可编辑多边形】命令，如图 2-3-4 所示。

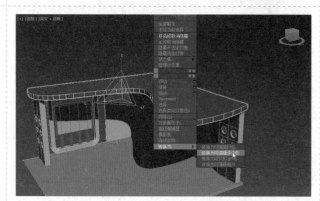

图 2-3-4 转换为可编辑多边形

STEP 05 在【选择】卷展栏中单击【多边形】 按钮或按【4】键，进入【多边形】子对象，选择视图中上面的多边形并右击，在弹出的快捷菜单中单击【插入】命令左侧的 按钮，设置【插入-数量】 为【1.5】，单击【确定】 按钮，如图 2-3-5 所示。

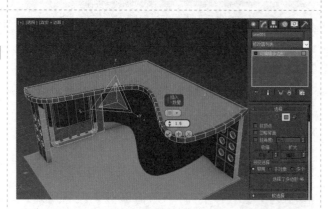

图 2-3-5 插入

STEP 06 右击，在弹出的快捷菜单中单击【挤出】命令左侧的 按钮，设置【挤出多边形-高度】为【2.0】，单击【确定】 按钮，如图 2-3-6 所示。

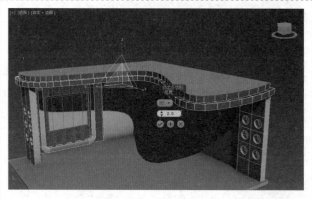

图 2-3-6 挤出（2）

STEP 07 右击，在弹出的快捷菜单中单击【倒角】命令左侧的 ▣ 按钮，设置【倒角-轮廓】为【1.5】，单击【确定】 ✅ 按钮，如图 2-3-7 所示。

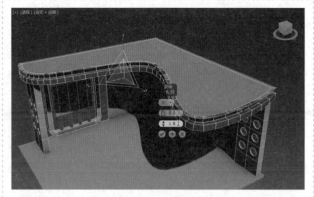

图 2-3-7 倒角

STEP 08 右击，在弹出的快捷菜单中单击【挤出】命令左侧的 ▣ 按钮，设置【挤出多边形-高度】为【2.0】，单击【确定】 ✅ 按钮，如图 2-3-8 所示。

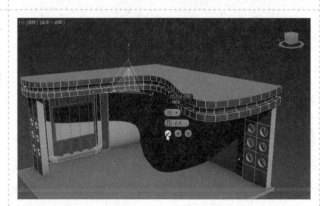

图 2-3-8 挤出（3）

STEP 09 分别选择视图中的 3 个多边形，如图 2-3-9 所示。

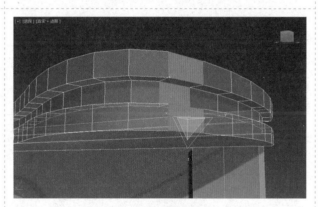

图 2-3-9 选择多边形

STEP 10 按【Ctrl+Shift】快捷键，单击最上面多边形旁边的一个多边形，加选最上面一圈多边形，如图 2-3-10 所示。

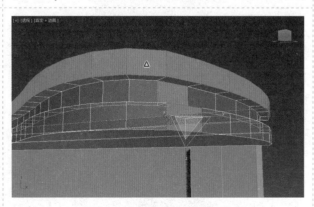

图 2-3-10 加选最上面一圈多边形

STEP 11 按【Ctrl+Shift】快捷键，依次加选下面两圈多边形，如图 2-3-11 所示。

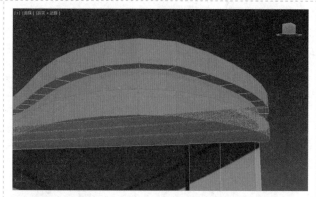

图 2-3-11　加选下面两圈多边形

STEP 12 按住【Alt】键并在视图中框选上面，减选模型后面的多边形，如图 2-3-12 所示。

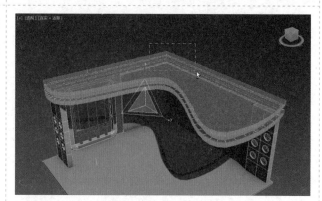

图 2-3-12　减选多边形

STEP 13 单击【多边形：平滑组】卷展栏中的【清除全部】按钮，清除模型的平滑效果，如图 2-3-13 所示。

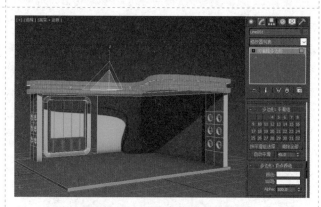

图 2-3-13　清除模型的平滑效果

STEP 14 选择一个平滑组【1】，如图 2-3-14 所示。

注：给模型表面设置一个统一的平滑组，可以使选择的表面效果平滑。

图 2-3-14　选择平滑组【1】

STEP 15 退出子对象选择，按【F4】键去除线框显示，查看顶部结构曲面部分的平滑效果，如图 2-3-15 所示。

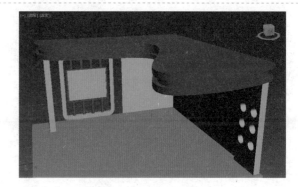

图 2-3-15　查看平滑效果

2.4　展示区的制作

STEP 01 单击【创建】→【几何体】 按钮，在【对象类型】卷展栏中单击【平面】按钮，勾选【自动栅格】复选框，在物体表面上创建一个平面并设置参数，如图 2-4-1 所示。

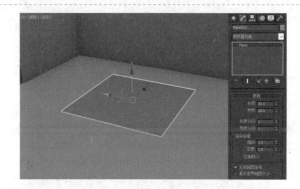

图 2-4-1　创建平面并设置参数

STEP 02 右击平面，在弹出的快捷菜单中执行【转换为】→【转换为可编辑多边形】命令，如图 2-4-2 所示。

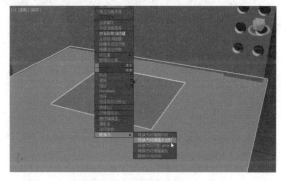

图 2-4-2　转换为可编辑多边形

STEP 03 单击【边界】 按钮或按【3】键，进入【边界】子对象，选择边界，按住【Shift】键并使用【选择并移动】 工具沿 Z 轴垂直向上移动，生成多边形，如图 2-4-3 所示。

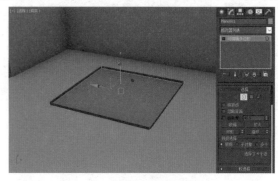

图 2-4-3　移动生成多边形（1）

STEP 04 按住【Shift】键并使用【选择并缩放】 工具，向内缩放，生成多边形，如图 2-4-4 所示。

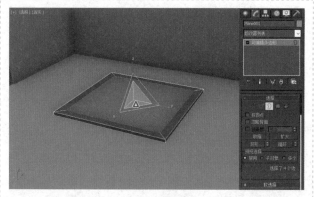

图 2-4-4　缩放生成多边形（1）

STEP 05 按住【Shift】键并使用【选择并移动】 工具沿 Z 轴垂直向上移动，生成多边形，如图 2-4-5 所示。

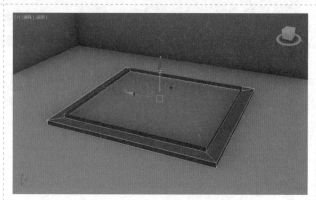

图 2-4-5　移动生成多边形（2）

STEP 06 按住【Shift】键并使用【选择并缩放】 工具，向内缩放，生成多边形，如图 2-4-6 所示。

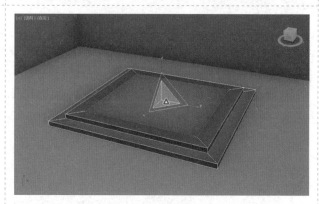

图 2-4-6　缩放生成多边形（2）

STEP 07 按住【Shift】键并使用【选择并移动】 工具沿 Z 轴垂直向上移动，生成多边形，如图 2-4-7 所示。

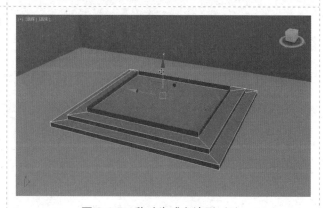

图 2-4-7　移动生成多边形（3）

STEP 08 右击多边形，在弹出的快捷菜单中执行【封口】命令，如图 2-4-8 所示。

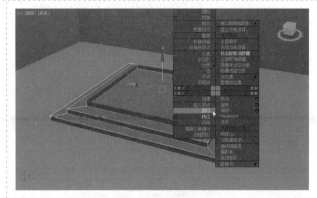

图 2-4-8　封口

STEP 09 单击【边】 按钮或按【2】键，进入【边】子对象，选择视图中的边，如图 2-4-9 所示。

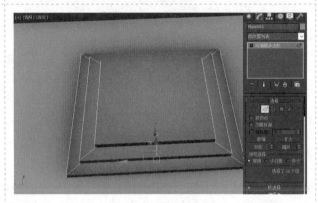

图 2-4-9　选择边（1）

STEP 10 右击，在弹出的快捷菜单中执行【连接】命令，在所选择的边中间连接一条边，如图 2-4-10 所示。

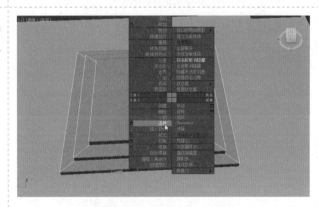

图 2-4-10　连接边（1）

STEP 11 选择视图中的边，如图 2-4-11 所示。

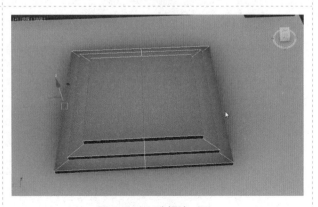

图 2-4-11　选择边（2）

STEP **12** 右击，在弹出的快捷菜单中执行【连接】命令，在所选择的边的中间连接一条边，如图 2-4-12 所示。

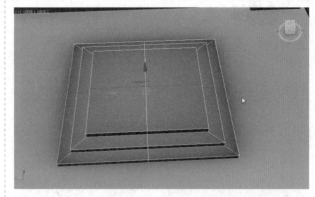

图 2-4-12 连接边（2）

STEP **13** 单击【多边形】□按钮或按【4】键，进入【多边形】子对象，选择视图中的多边形，如图 2-4-13 所示。

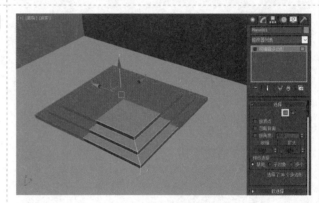

图 2-4-13 选择多边形

STEP **14** 按【Delete】键将其删除，如图 2-4-14 所示。

图 2-4-14 删除多边形

STEP **15** 退出子对象选择，选择台阶模型，在【透视】视图中，按住【Shift】键并使用【选择并移动】✛工具，沿 *XY* 平面复制模型，如图 2-4-15 所示。

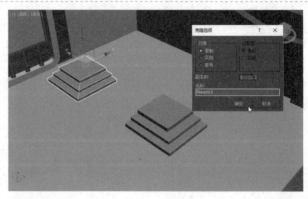

图 2-4-15 复制模型

STEP 16 选择复制的模型，进入【修改】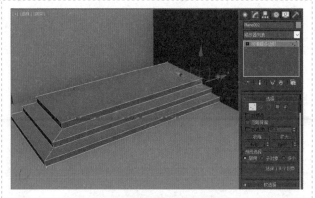面板，单击【顶点】按钮或按【1】键，进入【顶点】子对象，选择右侧顶点，使用【选择并移动】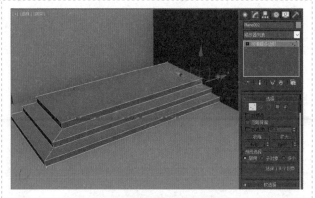工具沿 X 轴正方向调整模型顶点位置，如图 2-4-16 所示。

图 2-4-16 调整模型顶点位置（1）

STEP 17 选择左侧顶点，使用【选择并移动】工具沿 Y 轴正方向调整模型顶点位置，如图 2-4-17 所示。

图 2-4-17 调整模型顶点位置（2）

STEP 18 使用同样的方法调整另一个台阶模型的结构，如图 2-4-18 所示。

图 2-4-18 调整台阶模型的结构

STEP 19 右击其中一个台阶模型，在弹出的快捷菜单中执行【附加】命令，单击另一个台阶模型，使它们附加在一起，如图 2-4-19 所示。

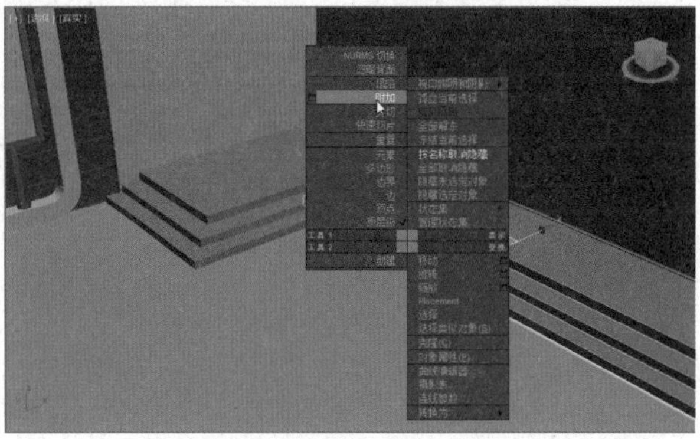

图 2-4-19 附加

STEP 20 调整视图，查看展示区效果，如图2-4-20所示。

图2-4-20　展示区效果

STEP 21 单击 下拉按钮，在弹出的下拉列表中选择【导入】→【合并】选项，完成其他模型的导入与位置的调整，以及材质/贴图的设置，并设置灯光效果，最终效果如图2-4-21所示。

注：关于材质/贴图及灯光布局，读者可参考本书相关项目自行完成。

图2-4-21　最终效果

2.5　相关知识

在建模过程中经常会用到布尔运算，布尔运算能给建模提供很大的便利，以下列举了布尔运算常见的运算结果。

（1）布尔运算的两个或多个物体之间需要相互接触，在运算前要区分A物体、B物体、物体相交部分。首先选择的物体为A物体（如图2-5-1中的球体对象），然后给球体对象添加布尔运算，接下来拾取的对象为B物体（如图2-5-1中的长方体对象），相交部分为公共区域，如图2-5-1所示。

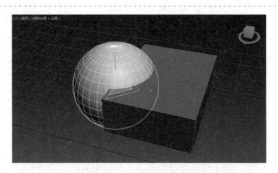

图2-5-1　布尔对象

（2）给球体对象添加布尔运算后，单击视图中的长方体对象，得到默认的A物体−B物体结果，如图2-5-2所示。

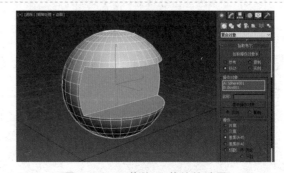

图2-5-2　A物体−B物体的结果

（3）布尔运算结果可以切换为 B 物体-A 物体，如图 2-5-3 所示。

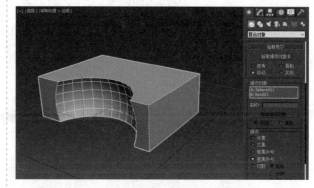

图 2-5-3　B 物体-A 物体的结果

（4）获取两个物体相交部分的模型，如图 2-5-4 所示。

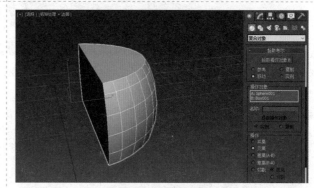

图 2-5-4　相交结果

（5）根据需要还可以通过切割面得到不同的结果模型，如图 2-5-5 所示。

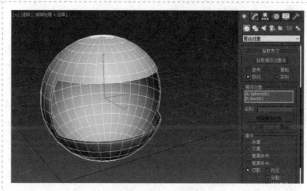

图 2-5-5　切割面

2.6　实战演练

本实战演练中的室外造型主要由底部结构、柱子、顶部曲面梁和横梁 4 个部分组成，综合运用了二维物体可渲染、快速建面、可编辑多边形子对象调整等建模方法，材质部分包括大理石材质和木纹材质，效果如图 2-6-1 所示。

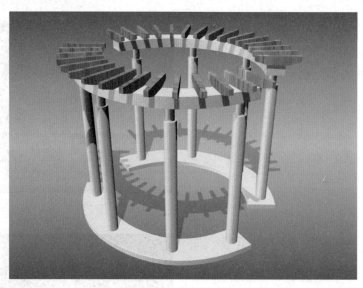

图 2-6-1　室外造型效果

 制作要求

（1）模型建立准确，布线合理。

（2）使用本项目所学的技能完成制作。

（3）构图合理，灯光表现准确。

制作提示

（1）底部结构和顶部曲面梁造型使用二维物体可渲染的方法制作。

（2）柱子使用快速建面的方法制作。

（3）横梁通过可编辑多边形子对象调整生成。

（4）给场景设置合适的灯光效果。

（5）给模型设置合适的材质。

项目评价

项目实训评价表						
项目	内容		评定等级			
	学习目标	评价项目	4	3	2	1
职业能力	熟练使用快捷方式进行建模	能使用【选择并移动】工具快速建面				
		能使用【选择并缩放】工具快速建面				
	熟练设置二维物体可渲染	能熟练使用二维物体可渲染的各项参数				
		能通过二维物体可渲染进行建模				
	熟练使用布尔运算	能使用布尔运算进行建模				
		能熟练设置布尔运算的各项参数				
综合评价						

项目 3 电热水器的制作

项目描述

电热水器是典型的金属结构，对金属模型的表现既要体现金属的硬度，又要表现金属的光滑效果。本项目在制作模型的过程中，通过【快速循环】工具添加循环线，使用【网格平滑】修改器对模型进行平滑处理。项目效果如图 3-0-1 所示。

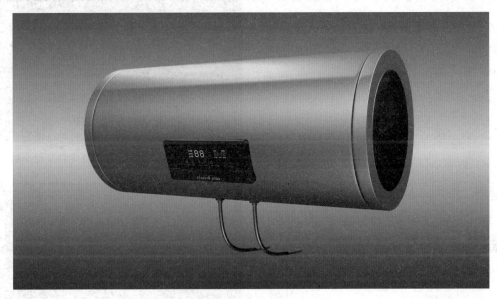

图 3-0-1 项目效果

学习目标

- 了解金属模型的特点
- 掌握为模型添加循环线的常用方法
- 掌握快速建面的技巧
- 掌握平滑物体的表现方法

项目分析

本项目先制作热水器的主体，由于主体是对称模型，因此只需制作一半即可，另一半使用【对称】修改器获得；然后制作热水器的液晶屏和冷热水管；最后利用布光法完成灯光的设置。本项目主要需要完成以下4个环节。

① 热水器主体的制作。

② 液晶屏的制作。

③ 冷热水管的制作。

④ 灯光的设置。

实现步骤

3.1 热水器主体的制作

STEP 01 单击【创建】→【几何体】 按钮，在【对象类型】卷展栏中单击【圆柱体】按钮，在【透视】视图中创建一个圆柱体并设置参数，如图3-1-1所示。

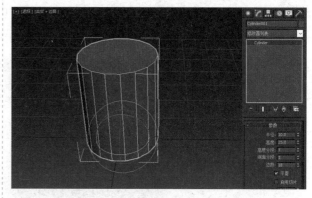

图 3-1-1 创建圆柱体并设置参数

STEP 02 单击工具栏中的【捕捉开关】 按钮，开启【角度捕捉】功能，使用【选择并旋转】 工具将圆柱体沿 Y 轴旋转 90 度，如图 3-1-2 所示。

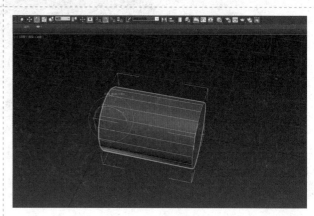

图 3-1-2 旋转圆柱体

STEP 03 右击，在弹出的快捷菜单中执行【转换为】→【转换为可编辑多边形】命令，进入【修改】 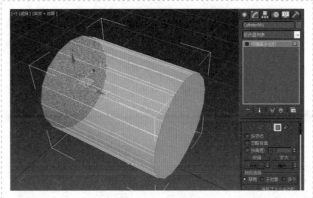 面板，单击【多边形】按钮，进入【多边形】子对象，分别选择两侧的圆形，按【Delete】键将其删除，如图 3-1-3 所示。

图 3-1-3　删除面

STEP 04 单击视图上面的【建模】→【编辑】→【快速循环】 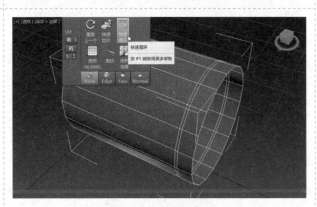 按钮，在圆柱体表面上快速添加两条循环线，如图 3-1-4 所示。

注：当物体转换为可编辑多边形后，能激活很多快捷的建模工具，熟练掌握这些建模工具可以帮助用户提高建模效率。

图 3-1-4　添加循环线

STEP 05 进入【修改】 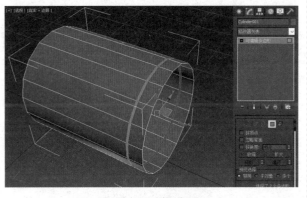 面板，单击【多边形】 按钮，进入【多边形】子对象，选择视图中的一圈多边形，如图 3-1-5 所示。

注：配合【Shift】键可以快速选择首尾相连的多边形，读者可以好好练习一下选择循环边、循环面的技巧。

图 3-1-5　选择循环面

STEP 06 右击，在弹出的快捷菜单中单击【挤出】命令左侧的 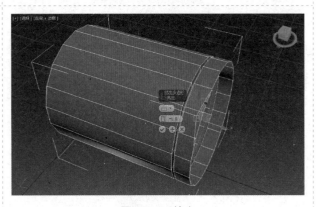 按钮，单击【多边形】下拉按钮，选择【局部法线】选项，设置【挤出多边形-高度】为【-1.0】，单击【确定】 按钮，如图 3-1-6 所示。

图 3-1-6　挤出

STEP 07 单击【边界】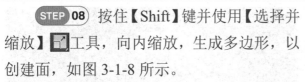按钮或按【3】键，进入【边界】子对象，选择视图中的边界，如图 3-1-7 所示。

注：键盘上的【1】【2】【3】【4】【5】键分别对应可编辑多边形的顶点、边、边界、多边形、元素，用户可通过按键盘上的相应数字键快速进入对应的子对象。

图 3-1-7　选择边界

STEP 08 按住【Shift】键并使用【选择并缩放】工具，向内缩放，生成多边形，以创建面，如图 3-1-8 所示。

注：按住【Shift】键并配合【选择并移动】和【选择并缩放】工具可以在选定边界内、外或垂直方向快速建面。

图 3-1-8　创建面

STEP 09 使用【选择并移动】工具，将视图中的边界沿 Z 轴向内移动，如图 3-1-9 所示。

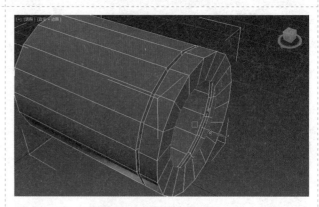

图 3-1-9　移动边界（1）

STEP 10 按住【Shift】键并使用【选择并移动】工具，将视图中的边界沿 Z 轴向外移动，生成多边形，如图 3-1-10 所示。

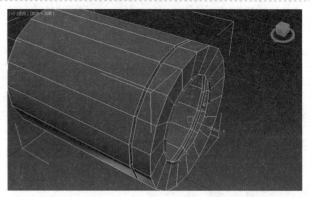

图 3-1-10　移动生成多边形

STEP 11 按住【Shift】键并使用【选择并缩放】工具，向内缩放，生成多边形，如图 3-1-11 所示。

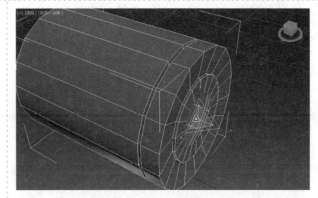

图 3-1-11　缩放生成多边形（1）

STEP 12 使用【选择并移动】工具，将视图中的边界沿 Z 轴向外移动，如图 3-1-12 所示。

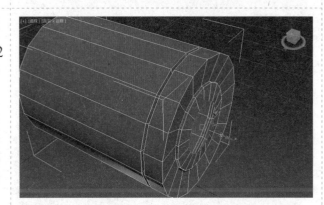

图 3-1-12　移动边界（2）

STEP 13 按住【Shift】键并使用【选择并缩放】工具，向内缩放，生成多边形，如图 3-1-13 所示。

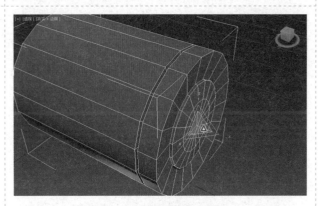

图 3-1-13　缩放生成多边形（2）

STEP 14 右击多边形，在弹出的快捷菜单中执行【塌陷】命令，如图 3-1-14 所示。

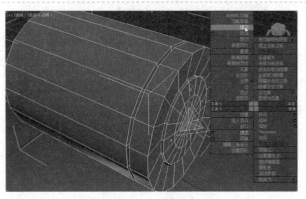

图 3-1-14　塌陷边界

STEP 15 单击【边】 按钮或按【2】键，进入【边】子对象，选择视图中的循环边，如图 3-1-15 所示。

注：双击一条边，可以快速选择一条循环边，配合【Ctrl】键可以加选多条循环边。

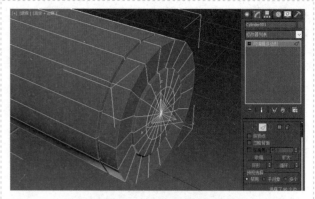

图 3-1-15　选择循环边

STEP 16 右击，在弹出的快捷菜单中单击【切角】命令左侧的 按钮，设置【切角-边切角量】 为【0.019】，单击【确定】 按钮，如图 3-1-16 所示。

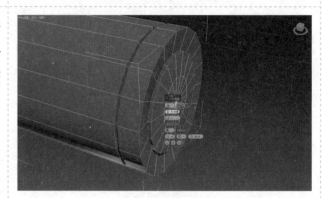

图 3-1-16　切角

STEP 17 退出子对象选择，给模型添加【对称】修改器，如图 3-1-17 所示。

注：【对称】修改器能使对称后的物体和原来的物体沿对称轴自动焊接，焊接处的平面必须删除，删除后对称轴和边界位置一致。

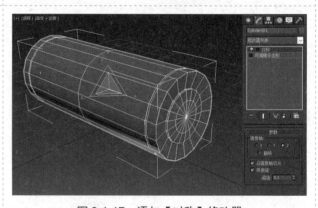

图 3-1-17　添加【对称】修改器

STEP 18 给模型添加【网格平滑】修改器，设置【迭代次数】为【2】，如图 3-1-18 所示。

注：迭代次数不宜设置得过大，通常设置为【2】就足够了。

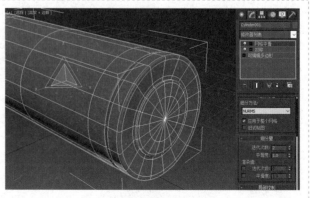

图 3-1-18　添加【网格平滑】修改器

3.2　液晶屏的制作

STEP 01 单击【创建】→【图形】 按钮，进入【图形】面板，在【对象类型】卷展栏中单击【矩形】按钮，在视图中创建一个矩形，如图 3-2-1 所示。

图 3-2-1　创建矩形

STEP 02 右击矩形，在弹出的快捷菜单中执行【转换为】→【转换为可编辑样条线】命令，进入【修改】 面板，选择【顶点】子对象或按【1】键，进入【顶点】子对象，选择视图中的 4 个顶点，如图 3-2-2 所示。

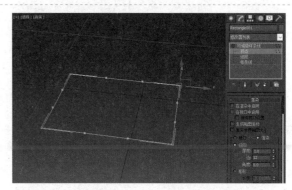

图 3-2-2　选择顶点

STEP 03 使用【几何体】卷展栏中的【圆角】命令，分别对 4 个顶点进行圆角操作，如图 3-2-3 所示。

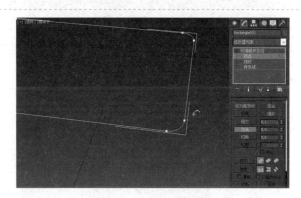

图 3-2-3　进行圆角操作

STEP 04 退出子对象选择，给模型添加【挤出】修改器，设置【数量】为【1.0】，如图 3-2-4 所示。

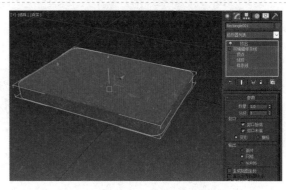

图 3-2-4　挤出（1）

STEP 05 右击模型，在弹出的快捷菜单中执行【转换为】→【转换为可编辑多边形】命令，进入【修改】 ◢ 面板，单击【多边形】 ■ 按钮或按【4】键，进入【多边形】子对象，选择视图中的多边形，按【Delete】键将其删除，如图 3-2-5 所示。

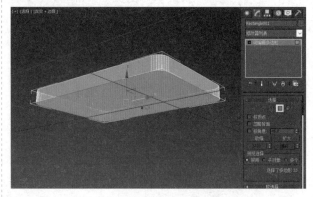

图 3-2-5　删除面

STEP 06 单击【边】 ◢ 按钮或按【2】键，进入【边】子对象，选择视图中的 4 条边，如图 3-2-6 所示。

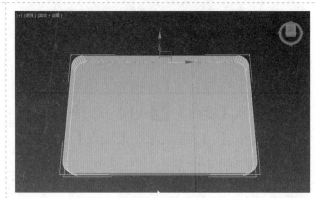

图 3-2-6　选择边（1）

STEP 07 右击，在弹出的快捷菜单中单击【连接】命令左侧的 ■ 按钮，设置【连接边-分段】 ▤ 为【5】，单击【确定】 ☑ 按钮，如图 3-2-7 所示。

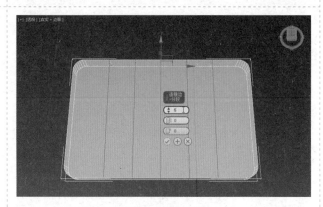

图 3-2-7　连接（1）

STEP 08 选择视图中的边，如图 3-2-8 所示。

注：■ 交叉选择为默认的选择方式，在选择时只要矩形边界与被选择的对象相交就能选中对象，如果是 ■ 窗口选择，则矩形边界必须完全包围对象才能选中对象。

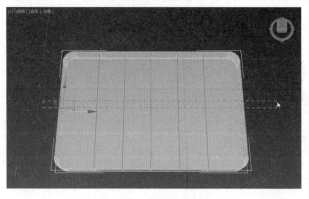

图 3-2-8　选择边（2）

STEP 09 右击，在弹出的快捷菜单中单击【连接】命令左侧的 ■ 按钮，设置【连接边-分段】 ▤ 为【1】，单击【确定】 ☑ 按钮，如图 3-2-9 所示。

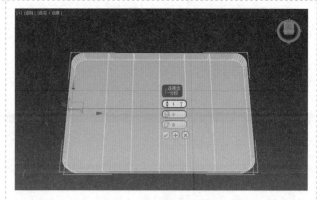

图 3-2-9　连接（2）

STEP 10 使用【选择并移动】 ✛ 工具，将视图中的边沿 Y 轴垂直向下移动，如图 3-2-10 所示。

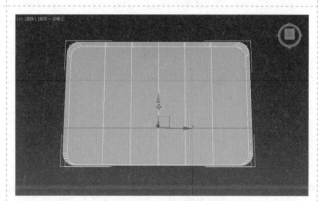

图 3-2-10　移动边

STEP 11 单击【顶点】 • 按钮或按【1】键，进入【顶点】子对象，选择视图中的顶点，使用【选择并移动】 ✛ 工具，将选择的顶点沿 Y 轴垂直向下移动，如图 3-2-11 所示。

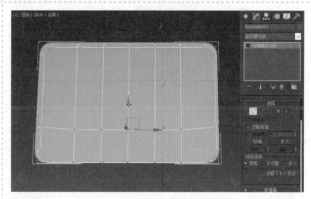

图 3-2-11　移动顶点

STEP 12 使用【选择并移动】 ✛ 工具，调整其他顶点的位置，如图 3-2-12 所示。

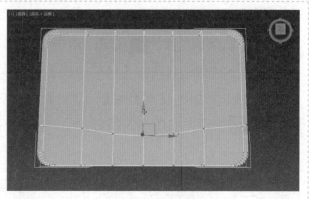

图 3-2-12　调整顶点

STEP 13 单击【边】 按钮或按【2】键，进入【边】子对象，选择视图中的边，如图 3-2-13 所示。

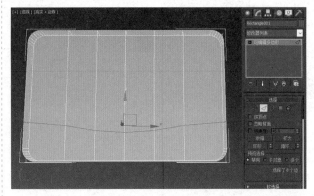

图 3-2-13 选择边（3）

STEP 14 右击，在弹出的快捷菜单中单击【切角】命令左侧的 按钮，设置【切角-边切角量】 为【0.08】，单击【确定】 按钮，如图 3-2-14 所示。

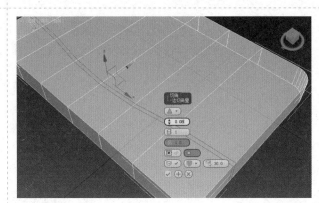

图 3-2-14 切角

STEP 15 单击【多边形】 按钮或按【4】键，进入【多边形】子对象，选择视图中的多边形，如图 3-2-15 所示。

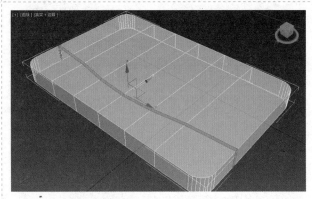

图 3-2-15 选择面

STEP 16 右击，在弹出的快捷菜单中单击【挤出】命令左侧的 按钮，单击【挤出多边形】下拉按钮，选择【局部法线】选项，设置【挤出多边形-高度】为【-0.306】，单击【确定】 按钮，如图 3-2-16 所示。

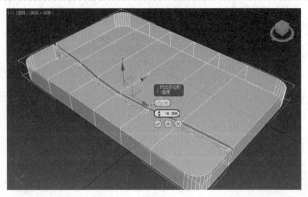

图 3-2-16 挤出（2）

STEP 17 退出子对象选择,分别使用【选择并移动】✛工具、【选择并缩放】⬜工具和【选择并旋转】↻工具,调整模型的位置和比例,如图 3-2-17 所示。

图 3-2-17　调整模型的位置和比例

3.3　冷热水管的制作

STEP 01 单击【创建】→【几何体】◯按钮,在【对象类型】卷展栏中单击【管状体】按钮,在【顶】视图中创建一个管状体并设置参数,如图 3-3-1 所示。

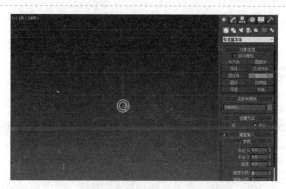

图 3-3-1　创建管状体并设置参数

STEP 02 切换到【前】视图,分别使用【选择并移动】✛工具和【选择并缩放】⬜工具,调整模型的位置和比例,如图 3-3-2 所示。

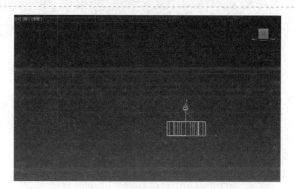

图 3-3-2　调整模型的位置和比例

STEP 03 右击模型,在弹出的快捷菜单中执行【转换为】→【转换为可编辑多边形】命令,进入【修改】◻面板,选择【边】子对象,进入【边】子对象,选择两条循环边,如图 3-3-3 所示。

图 3-3-3　选择循环边(1)

STEP 04 右击，在弹出的快捷菜单中单击【切角】命令左侧的■按钮，设置【切角-边切角量】□为【0.02】，【切角】□为【2】，单击【确定】☑按钮，如图 3-3-4 所示。

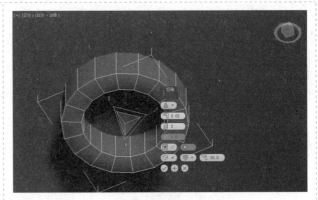

图 3-3-4 切角（1）

STEP 05 单击【图形】□按钮，在【对象类型】卷展栏中单击【线】按钮，在【渲染】卷展栏中勾选【在渲染中启用】和【在视口中启用】两个复选框，在【创建方法】卷展栏中设置【初始类型】为【平滑】，【拖动类型】为【平滑】，在【左】视图中绘制线，如图 3-3-5 所示。

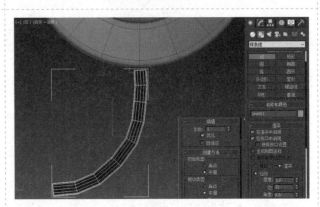

图 3-3-5 绘制线

STEP 06 右击线，在弹出的快捷菜单中执行【转换为】→【转换为可编辑多边形】命令，使用【快速循环】□工具创建一条循环线，如图 3-3-6 所示。

图 3-3-6 创建循环线（1）

STEP 07 进入【多边形】子对象，选择一圈循环多边形并右击，在弹出的快捷菜单中单击【挤出】命令左侧的■按钮，单击【多边形】下拉按钮，选择【局部法线】选项，设置【挤出多边形-高度】为【0.3】，单击【确定】☑按钮，如图 3-3-7 所示。

图 3-3-7 挤出面

STEP 08 进入【边】子对象,选择视图中的 4 条循环边,如图 3-3-8 所示。

　　注:选择模型后,按【Alt+X】快捷键可以透明方式显示模型;按【Alt+Q】快捷键可以独立方式显示模型。

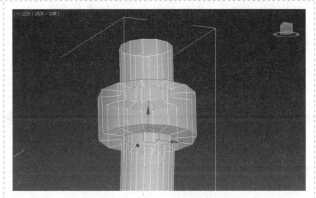

图 3-3-8　选择循环边（2）

STEP 09 右击,在弹出的快捷菜单中单击【切角】命令左侧的 ■ 按钮,设置【切角-边切角量】 为【0.02】,【切角】 为【1】,单击【确定】 按钮,如图 3-3-9 所示。

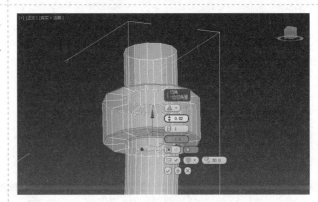

图 3-3-9　切角（2）

STEP 10 进入【多边形】子对象,选择上面的圆形,按【Delete】键将其删除,如图 3-3-10 所示。

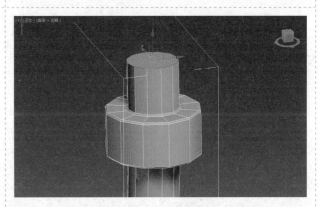

图 3-3-10　删除面

STEP 11 使用【快速循环】 工具创建一条循环线,如图 3-3-11 所示。

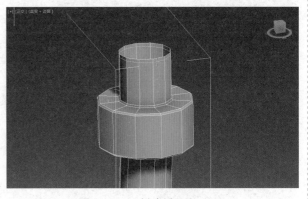

图 3-3-11　创建循环线（2）

STEP 12 退出子对象选择，给模型添加【网格平滑】修改器，设置【迭代次数】为【2】，如图 3-3-12 所示。

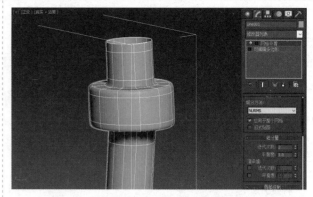

图 3-3-12 添加【网格平滑】修改器（1）

STEP 13 单击状态栏中的【孤立当前选择切换】 按钮，退出孤立模型显示状态，调整模型的位置，如图 3-3-13 所示。

图 3-3-13 调整模型的位置

STEP 14 选择管状体，进入【修改】面板，给模型添加【网格平滑】修改器，如图 3-3-14 所示。

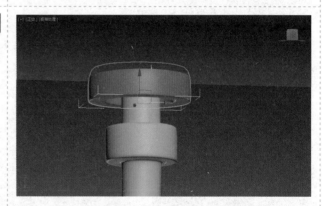

图 3-3-14 添加【网格平滑】修改器（2）

STEP 15 分别选择管状体和管子模型，在【顶】视图中，按住【Shift】键并使用【选择并移动】工具，沿 X 轴水平复制模型，如图 3-3-15 所示。

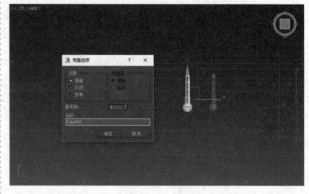

图 3-3-15 复制模型

STEP 16 切换至【透视】视图，查看模型效果，如图 3-3-16 所示。

注：按【F4】键可以将选择的模型在【真实】和【线框】两种模式间切换显示。

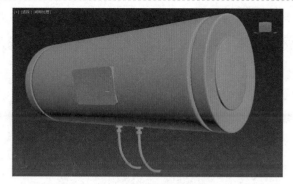

图 3-3-16　模型效果

STEP 17 给模型设置材质/贴图效果，如图 3-3-17 所示，设置方法参照项目 4 和项目 5。

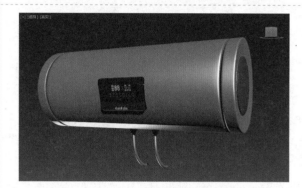

图 3-3-17　设置材质/贴图效果

3.4　灯光的设置

STEP 01 切换至【透视】视图，调整模型显示角度，按【Ctrl+C】快捷键从视图中创建物理摄像机，【透视】视图将自动切换为【PhysCamera001】（物理摄像机）视图，如图 3-4-1 所示。

注：摄像机的位置是设置灯光的参考。

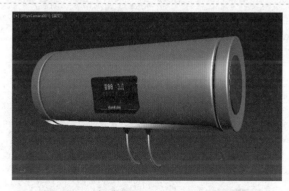

图 3-4-1　创建【PhysCamera001】视图

STEP 02 单击视图左上方的[+]按钮，在弹出的下拉列表中选择【配置】选项，弹出【视口配置】对话框，切换至【布局】选项卡，选择【左右】布局类型，将右侧视图设置为【PhysCamera001】视图，单击【确定】按钮，如图 3-4-2 所示。

图 3-4-2　设置视图布局类型

STEP 03 选择右侧的【PhysCamera001】视图，按【Shift+F】快捷键显示渲染安全框，如图 3-4-3 所示。

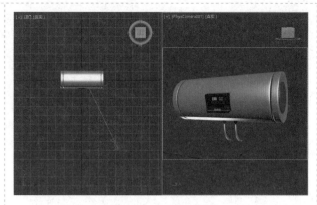

图 3-4-3　设置视图

STEP 04 单击【创建】→【灯光】按钮，单击【标准】下的【目标聚光灯】按钮，在【顶】视图中摄像机的右侧方向拖曳鼠标，创建一个目标聚光灯，如图 3-4-4 所示。

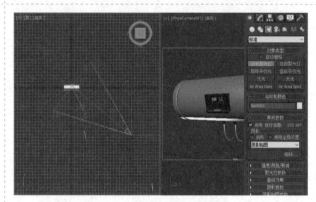

图 3-4-4　创建目标聚光灯

STEP 05 选择聚光灯起点，按住【Shift】键并使用【选择并移动】工具，沿 XY 平面复制灯，方向和摄像机一致，如图 3-4-5 所示。

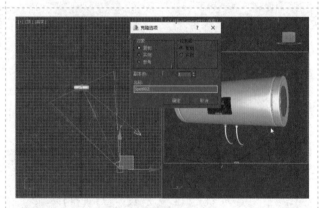

图 3-4-5　复制灯（1）

STEP 06 选择第 2 个聚光灯起点，按住【Shift】键并使用【选择并移动】工具，沿 XY 平面复制灯，如图 3-4-6 所示。

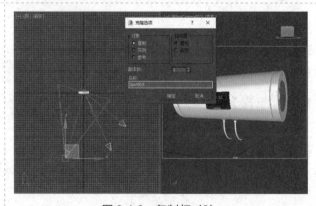

图 3-4-6　复制灯（2）

STEP 07 选择第 3 个聚光灯起点，按住【Shift】键并使用【选择并移动】 ✛ 工具，沿 XY 平面复制灯，如图 3-4-7 所示。

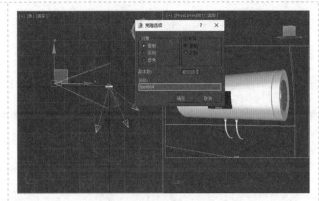

图 3-4-7 复制灯（3）

STEP 08 分别选择第 1 个、第 3 个、第 4 个聚光灯起点，使用【选择并移动】✛工具，在【透视】视图中沿 Z 轴垂直向上移动，如图 3-4-8 所示。

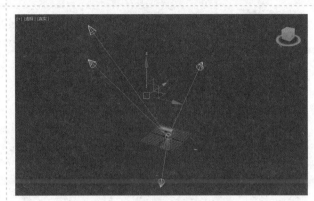

图 3-4-8 移动聚光灯起点（1）

STEP 09 选择第 2 个聚光灯起点，使用【选择并移动】✛工具，在【透视】视图中沿 Z 轴垂直向下移动，如图 3-4-9 所示。

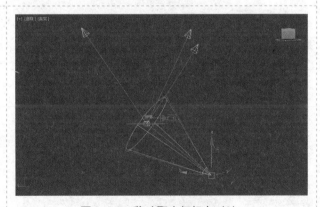

图 3-4-9 移动聚光灯起点（2）

STEP 10 执行菜单栏中的【工具】→【灯光列表】命令，弹出【灯光列表】窗口，设置【Spot001】（主灯）的【颜色】为暖色浅黄色，勾选【阴影】复选框，并选择【高级光线跟踪】选项，如图 3-4-10 所示。

注：【灯光列表】窗口可以显示场景中的所有灯，在这里用户可以很方便地设置灯的常用参数。

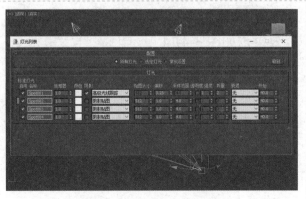

图 3-4-10 主灯的参数设置

STEP 11 设置【Spot002】（底灯）的【倍增器】为【0.5】,【颜色】为深红色[RGB 为（255、29、29）]，如图 3-4-11 所示。

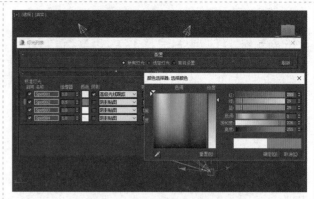

图 3-4-11 底灯的参数设置

STEP 12 设置【Spot003】（补光灯）的【倍增器】为【0.3】,【颜色】为淡蓝色，如图 3-4-12 所示。

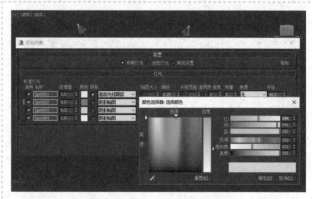

图 3-4-12 补光灯的参数设置

STEP 13 设置【Spot004】（轮廓灯）的【倍增器】为【2.5】,【颜色】为深蓝色，如图 3-4-13 所示。

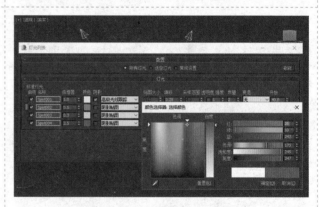

图 3-4-13 轮廓灯的参数设置

STEP 14 完成参数设置后，查看灯光综合效果，如图 3-4-14 所示。

注：产品类的灯光都可以采用本项目中的布光法来设置，各灯的位置和参数相对固定，灯光综合效果也很明显。

图 3-4-14 灯光综合效果

3.5　相关知识

（1）单击【边】 ⬩ 按钮，进入【边】子对象，选择视图中的一条边，单击【选择】卷展栏中的【循环】按钮，可以选择一圈循环边，如图 3-5-1 所示。

图 3-5-1　选择循环边（1）

（2）单击【边】 ⬩ 按钮，进入【边】子对象，选择视图中的一条边，单击【选择】卷展栏中的【环形】按钮，可以选择一圈环形边，如图 3-5-2 所示。

图 3-5-2　选择环形边

（3）选择环形边并右击，在弹出的快捷菜单中执行【转换到面】命令，可以选择相关的一圈面，如图 3-5-3 所示。

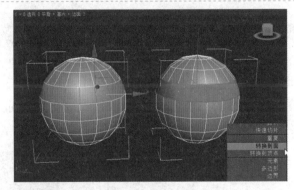

图 3-5-3　选择面

（4）选择环形边并右击，在弹出的快捷菜单中执行【转换到顶点】命令，可以选择相关的顶点，如图 3-5-4 所示。

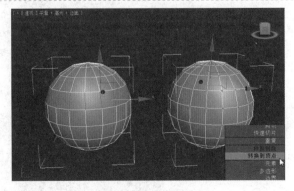

图 3-5-4　选择顶点

（5）选择一条边，按住【Shift】键，单击其旁边的一条边可以选择一圈边，单击与其间隔的一条边，可以选择一圈间隔的边，多边形和顶点选择的操作与此类似，如图 3-5-5 所示。

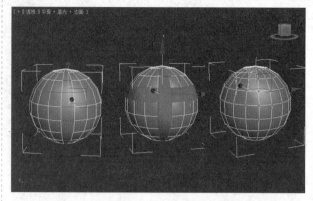

图 3-5-5　选择一圈边、间隔的边、多边形及顶点

（6）在【边】子对象中，双击某一条边，可选择其所在的一圈边，按住【Ctrl】键可加选其他循环边，如图 3-5-6 所示。

注：双击选择循环子对象的操作只对【边】子对象有效。

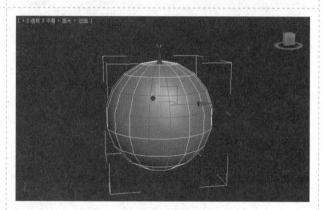

图 3-5-6　选择循环边（2）

3.6　实战演练

在日常生活中，我们能看到很多消防栓，它们存在于小区、商场、学校等各个地方，仔细观察它们的结构，利用本项目所学的技能把它们的模型制作出来。消防栓效果图如图 3-6-1 所示。

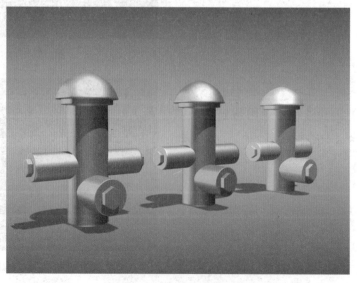

图 3-6-1　消防栓效果图

制作要求

（1）模型建立准确，布线合理。

（2）使用本项目所学的技能完成制作。

（3）构图合理，灯光表现准确。

制作提示

（1）模型主要由圆柱体构成，通过设置【边数】创建六边柱。

（2）通过快速建面的方法制作消防栓主体。

（3）给模型增加结构线后添加【网格平滑】修改器。

（4）采用本项目中的布光法完成灯光布局。

项目评价

项目实训评价表						
	内容		评定等级			
项目	学习目标	评价项目	4	3	2	1
职业能力	熟练使用【可编辑多边形】工具	能正确使用【可编辑多边形】工具的常见命令				
		能使用多种方法给模型添加结构线				
	熟练选择模型子对象	能熟练选择多段循环面				
		能在选择的子对象中进行切换				
	熟练给产品模型设置灯光效果	能熟练掌握布光法原理				
		能熟练设置各灯的参数				
综合评价						

项目 4 贴图的设置与调整

项目描述

　　只使用颜色是很难准确地表现一个模型的，为了让创建的模型更加逼真，需要给模型穿上不同的"衣服"，不同的"衣服"有不同的花样、纹理，还有不同的质地和呈现模式，有了这些"衣服"，模型就不再只有单调的颜色外观了，整体效果也会更加形象和生动。本项目将制作卫生间的贴图效果，如图 4-0-1 所示。

图 4-0-1　项目效果

学习目标

- 掌握漫反射贴图的设置与调整方法
- 掌握【UVW 展开】修改器的使用方法
- 掌握【VRayMtl】材质的添加与参数设置方法
- 掌握材质表面反射参数的设置方法

项目分析

表现模型表面的纹理可以使用漫反射贴图，例如，场景中的门、墙、地面、台面、挡水板等可以通过在漫反射通道上添加相应的纹理图片进行表现；在表现一个模型不同面的贴图时，可以使用【UVW 展开】修改器，例如，热水器的贴图就需要使用【UVW 展开】修改器来实现。本项目主要需要完成以下 4 个环节。

① 瓷砖贴图的设置。

② 瓷砖表面反射效果的制作。

③ 热水器贴图的设置。

④ 高光反射效果的制作。

实现步骤

4.1　瓷砖贴图的设置

STEP 01　运行 3ds Max 2016 简体中文版，单击软件最上方的【打开】 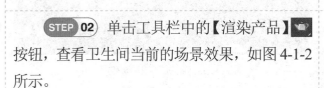 按钮，弹出【打开文件】对话框，找到本项目提供的卫生间场景素材，单击对话框中的【打开】按钮，卫生间场景如图 4-1-1 所示。

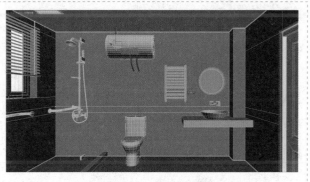

图 4-1-1　卫生间场景

STEP 02　单击工具栏中的【渲染产品】 按钮，查看卫生间当前的场景效果，如图 4-1-2 所示。

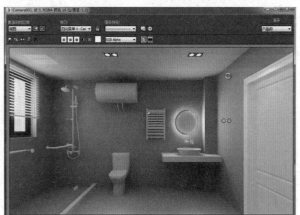

图 4-1-2　渲染效果

STEP 03 单击渲染窗口中的【克隆渲染帧窗口】⚏ 按钮，复制当前渲染效果，如图 4-1-3 所示。

注：在进行材质/贴图渲染设置时，需要对设置的效果进行前后对比，复制当前渲染效果是比较好的方法。

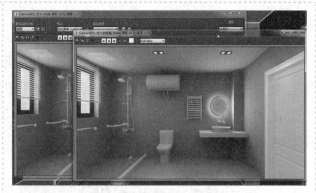

图 4-1-3　复制当前渲染效果

STEP 04 单击工具栏中的【材质编辑器】按钮或按【M】键，打开【材质编辑器】窗口，选择第 1 个材质球，如图 4-1-4 所示。

注：打开【材质编辑器】窗口后，按【X】键可以切换材质球的数量显示，最多可显示 24 个材质球。

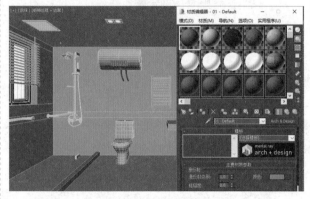

图 4-1-4　选择材质球

STEP 05 单击【材质编辑器】窗口中的【Arch&Design】按钮，打开【材质/贴图浏览器】对话框，展开【V-Ray】材质栏，选择【VRayMtl】材质，如图 4-1-5 所示，单击【确定】按钮。

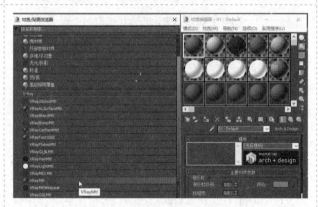

图 4-1-5　选择【VRayMtl】材质

STEP 06 在【材质编辑器】窗口中展开【基本参数】卷展栏，单击【漫反射】右侧的色块，打开【材质/贴图浏览器】对话框，选择【位图】贴图，如图 4-1-6 所示，单击【确定】按钮。

注：双击鼠标左键可以快速选择需要的贴图。

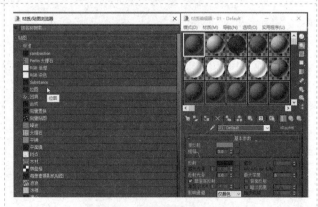

图 4-1-6　选择【位图】贴图

STEP 07 弹出【选择位图图像文件】对话框，找到本项目提供的素材文件夹，选择【地砖.jpg】文件，单击【打开】按钮，如图 4-1-7 所示。

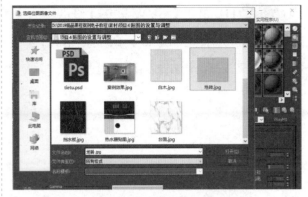

图 4-1-7　选择贴图素材

STEP 08 选择墙面和地面模型，单击【材质编辑器】窗口中的【将材质指定给选定对象】按钮，如图 4-1-8 所示。

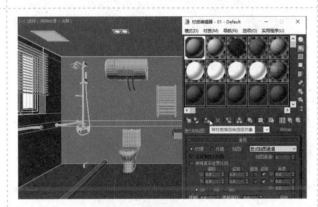

图 4-1-8　指定模型材质

STEP 09 单击【材质编辑器】窗口中的【视口中显示明暗处理材质】按钮，如图 4-1-9 所示。

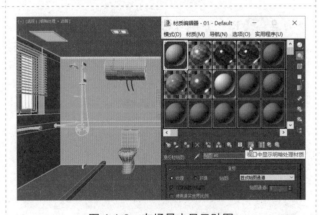

图 4-1-9　在场景中显示贴图

STEP 10 进入【修改】面板，给模型添加【UVW 贴图】修改器，如图 4-1-10 所示。

注：打开修改器下拉列表后，按【U】键可快速定位到以【U】开头的修改器，从中选择【UVW 贴图】修改器即可。

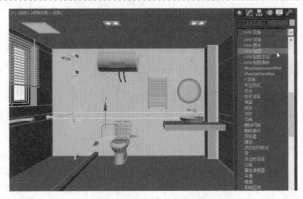

图 4-1-10　添加【UVW 贴图】修改器

STEP 11 单击【UVW 贴图】修改器左侧的■按钮，选择【Gizmo】子对象，打开【参数】卷展栏，在【贴图】栏中选中【长方体】单选按钮，如图 4-1-11 所示。

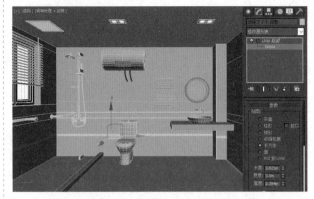

图 4-1-11　选择【Gizmo】子对象

STEP 12 使用【选择并均匀缩放】 工具，在视图中压缩【Gizmo】子对象，如图 4-1-12 所示，查看墙面和地面瓷砖贴图的大小变化。

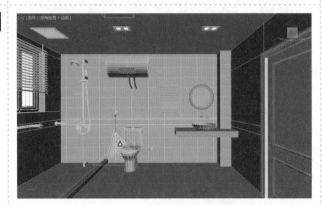

图 4-1-12　压缩【Gizmo】子对象

STEP 13 使用【选择并移动】 工具，沿 Y 轴水平移动【Gizmo】子对象，调整贴图纹理的位置，如图 4-1-13 所示。

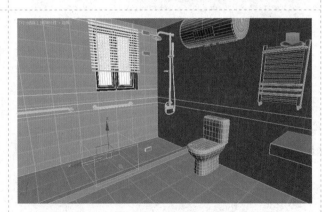

图 4-1-13　调整【Gizmo】子对象的水平位置

STEP 14 使用【选择并移动】 工具，沿 Z 轴垂直移动【Gizmo】子对象，调整贴图纹理的位置，如图 4-1-14 所示。

注：通过移动【Gizmo】子对象，可以使瓷砖的边与墙边对齐。

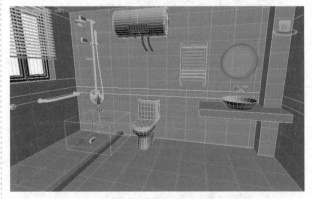

图 4-1-14　调整【Gizmo】子对象的垂直位置

STEP 15 单击工具栏中的【渲染产品】按钮，查看当前效果，可以和之前复制的渲染效果做对比，如图 4-1-15 所示。

图 4-1-15   渲染效果对比

4.2   瓷砖表面反射效果的制作

STEP 01 查看当前的渲染效果，发现瓷砖表面没有反射效果，不是很真实，如图 4-2-1 所示。

图 4-2-1   瓷砖贴图

STEP 02 单击渲染窗口中的【克隆渲染帧窗口】按钮，复制当前渲染效果，如图 4-2-2 所示。

图 4-2-2   复制当前渲染效果

STEP 03 单击【材质编辑器】窗口中的【转到父对象】按钮，如图 4-2-3 所示。

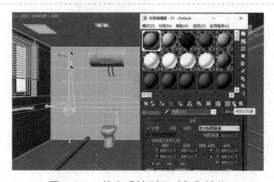

图 4-2-3   单击【转到父对象】按钮

STEP **04** 展开【基本参数】卷展栏，单击【反射】右侧的色块，弹出【颜色选择器：反射】对话框，设置【亮度】为【49】，单击【确定】按钮，如图 4-2-4 所示。

图 4-2-4　设置反射亮度

STEP **05** 单击【材质编辑器】窗口中的【背景】 ▓ 按钮，显示材质球背景，双击材质球，弹出一个独立的材质球显示窗口，可通过拖曳改变窗口大小，以观察材质效果，如图 4-2-5 所示。

图 4-2-5　显示材质球背景

STEP **06** 单击【高光光泽】右侧的【L】按钮，在其数值调节框中输入【0.9】，在【反射光泽】数值调节框中输入【0.8】，取消勾选【菲涅尔反射】复选框，如图 4-2-6 所示[①]。

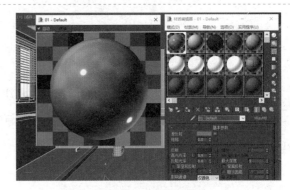

图 4-2-6　参数设置

STEP **07** 单击工具栏中的【渲染产品】 🫖 按钮，查看当前效果，瓷砖表面有了明显的反射效果，如图 4-2-7 所示。

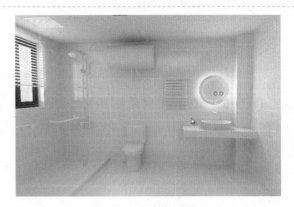

图 4-2-7　渲染效果

---

① 图 4-2-6 中"菲涅耳反射"的正确写法应为"菲涅尔反射"。

4.3 热水器贴图的设置

STEP 01 选择热水器，包括热水器主体部分和 2 块控制面板，按【Alt+Q】快捷键可独立显示这 3 个模型，如图 4-3-1 所示。

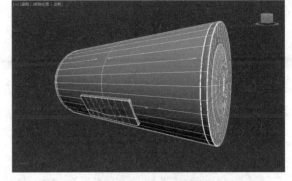

图 4-3-1 独立显示模型

STEP 02 单击工具栏中的【材质编辑器】 按钮或按【M】键，打开【材质编辑器】窗口，选择第 2 个材质球，单击【Arch&Design】按钮，打开【材质/贴图浏览器】对话框，展开【V-Ray】材质栏，选择【VRayMtl】材质，单击【确定】按钮，如图 4-3-2 所示。

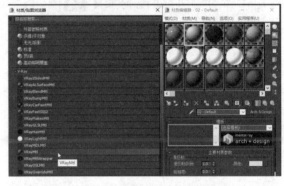

图 4-3-2 选择【VRayMtl】材质

STEP 03 展开【基本参数】卷展栏，单击【漫反射】右侧的色块，弹出【材质/贴图浏览器】对话框，选择【位图】贴图，单击【确定】按钮，如图 4-3-3 所示。

图 4-3-3 选择【位图】贴图

STEP 04 弹出【选择位图图像文件】对话框，找到本项目提供的素材文件夹，选择【热水器贴图.jpg】文件，单击【打开】按钮，如图 4-3-4 所示。

图 4-3-4 选择贴图素材

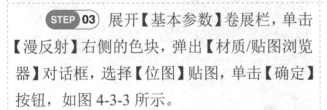

STEP 05 选择热水器，单击【材质编辑器】窗口中的【将材质指定给选定对象】按钮，如图 4-3-5 所示。

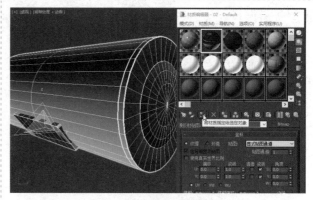

图 4-3-5　指定模型材质

STEP 06 单击【材质编辑器】窗口中的【视口中显示明暗处理材质】按钮，如图 4-3-6 所示。

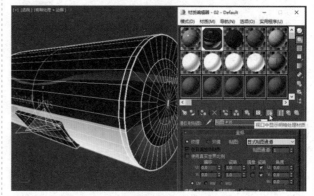

图 4-3-6　在场景中显示贴图

STEP 07 进入【修改】面板，给热水器添加【UVW 展开】修改器，如图 4-3-7 所示。

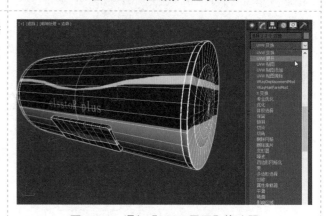

图 4-3-7　添加【UVW 展开】修改器

STEP 08 单击【UVW 展开】修改器左侧的按钮，选择【多边形】子对象，在【选择】卷展栏中勾选【按元素 XY 切换选择】复选框，选择侧面元素，如图 4-3-8 所示。

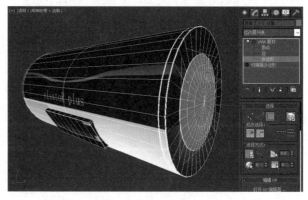

图 4-3-8　选择侧面元素

STEP 09　单击【编辑 UV】卷展栏中的【快速平面贴图】 按钮，并单击【打开 UV 编辑器】按钮，打开【编辑 UVW】窗口，如图 4-3-9 所示。

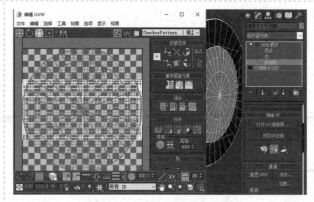

图 4-3-9　快速平面贴图（1）

STEP 10　在【编辑 UVW】窗口中单击右上方的显示背景下拉列表，选择【贴图#16（热水器贴图.jpg）】选项，如图 4-3-10 所示。

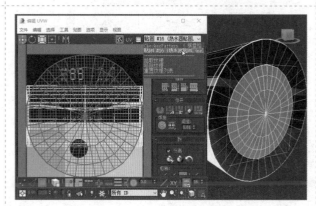

图 4-3-10　选择背景图片

STEP 11　在【编辑 UVW】窗口中单击【自由形状模式】 按钮，调整圆形大小，并将圆形移动到图片相应圆形色块位置，如图 4-3-11 所示。

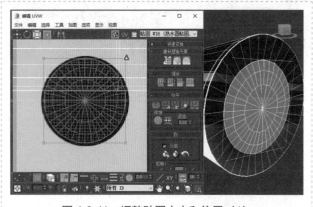

图 4-3-11　调整贴图大小和位置（1）

STEP 12　选择视图中热水器的另一个侧面元素，单击【编辑 UV】卷展栏中的【快速平面贴图】 按钮，如图 4-3-12 所示。

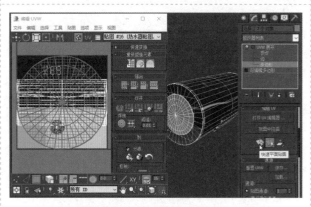

图 4-3-12　快速平面贴图（2）

STEP 13 在【编辑 UVW】窗口中，单击【自由形状模式】■按钮，调整圆形大小，并将圆形移动到图片相应圆形色块位置，如图 4-3-13 所示。

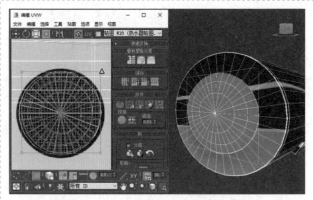

图 4-3-13　调整贴图大小和位置（2）

STEP 14 选择视图中热水器的主体元素，如图 4-3-14 所示。

注：由于热水器的主体元素只有单纯的颜色，因此这部分贴图没有必要完全展开，这里按照软件自动展开的贴图形状进行调整即可。

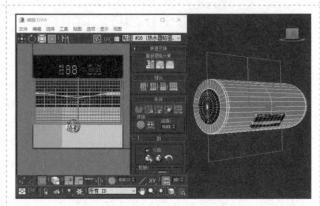

图 4-3-14　选择热水器的主体元素

STEP 15 单击【编辑 UVW】窗口中的【环绕轴心旋转-90 度】■按钮，将贴图旋转-90 度，单击【自由形状模式】■按钮，调整贴图大小和位置，如图 4-3-15 所示。

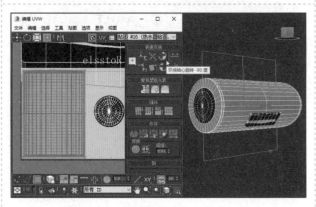

图 4-3-15　调整贴图大小和位置（3）

STEP 16 退出子对象选择，选择上面的控制面板，进入【多边形】子对象，取消勾选【按元素 XY 切换选择】■复选框，按住【Ctrl】键并选择控制面板的表面，如图 4-3-16 所示。

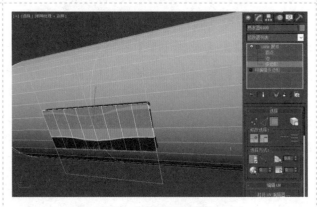

图 4-3-16　选择控制面板的表面

STEP 17 单击【编辑 UV】卷展栏中的【快速平面贴图】按钮，并单击【打开 UV 编辑器】按钮，打开【编辑 UVW】窗口，单击【自由形状模式】按钮，调整贴图大小和位置，如图 4-3-17 所示。

图 4-3-17　调整贴图大小和位置（4）

STEP 18 按【Ctrl+I】快捷键，反向选择其他的表面，单击【自由形状模式】按钮，调整贴图大小和位置，如图 4-3-18 所示。

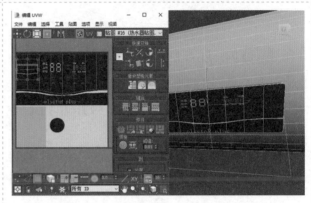

图 4-3-18　调整贴图大小和位置（5）

STEP 19 退出子对象选择，选择下面的控制面板，参考上面控制面板贴图的调整方法，完成下面控制面板贴图的大小和位置的调整，如图 4-3-19 所示。

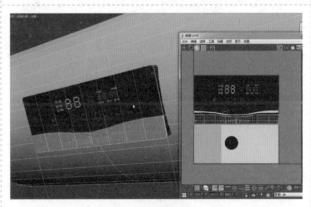

图 4-3-19　调整下面控制面板贴图的大小和位置

STEP 20 单击工具栏中的【渲染产品】按钮，查看热水器的贴图效果，如图 4-3-20 所示。

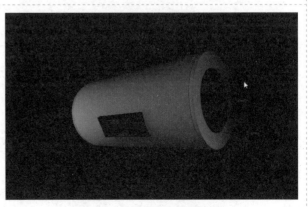

图 4-3-20　热水器的贴图效果

4.4 高光反射效果的制作

STEP 01 单击【材质编辑器】窗口中的【转到父对象】 按钮，参数设置如图 4-4-1 所示。

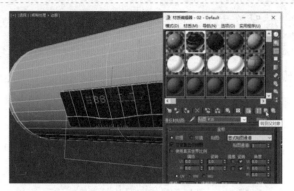

图 4-4-1 参数设置（1）

STEP 02 展开【基本参数】卷展栏，单击【反射】右侧的色块，打开【颜色选择器：反射】对话框，设置【亮度】为【39】，单击【确定】按钮，如图 4-4-2 所示。

图 4-4-2 设置反射亮度

STEP 03 单击【高光光泽】右侧的【L】按钮，在其数值调节框中输入【0.75】，取消勾选【菲涅尔反射】复选框，如图 4-4-3 所示。

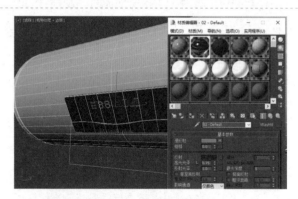

图 4-4-3 参数设置（2）

STEP 04 展开【BRDF】卷展栏，单击其中的下拉列表，选择【Phong】材质类型，如图 4-4-4 所示。

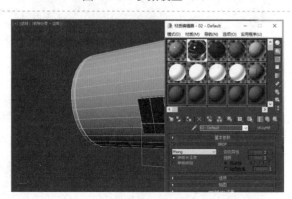

图 4-4-4 选择【Phong】材质类型

STEP 05　单击工具栏中的【渲染产品】
按钮，查看当前效果，如图 4-4-5 所示。

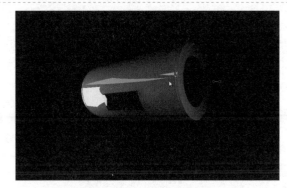

图 4-4-5　渲染效果（1）

STEP 06　单击状态栏中的【孤立当前选
择切换】 按钮，将当前视图切换至
【Camera001】视图，单击工具栏中的【渲染
产品】 按钮，查看当前效果，如图 4-4-6
所示。

图 4-4-6　渲染效果（2）

4.5　相关知识

1. 给模型指定贴图的方法

方法一：打开【材质编辑器】窗口，给一
个材质球设置漫反射贴图，选择场景中的茶
壶模型，单击【将材质指定给选定对象】
按钮，如图 4-5-1 所示。

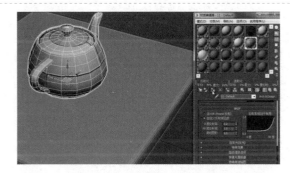

图 4-5-1　将材质指定给选定对象

方法二：直接将设置好贴图的材质球拖
曳到场景中的模型上，如图 4-5-2 所示。

图 4-5-2　拖曳材质球

方法三：打开贴图文件夹，选择需要的贴图，将图片拖曳到场景中的模型上，如图 4-5-3 所示。

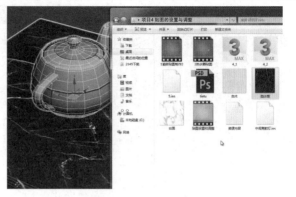

图 4-5-3　拖曳图片

2. 复制通道贴图的方法

方法一：将源通道贴图拖曳到目标通道上后松开鼠标，如图 4-5-4 所示。

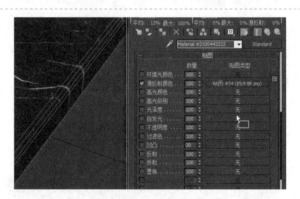

图 4-5-4　拖曳通道贴图

弹出【复制（实例）贴图】对话框，根据需要选择合适的选项完成复制，如图 4-5-5 所示。

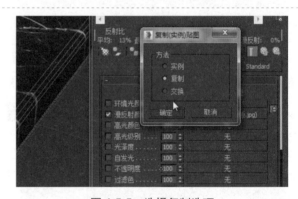

图 4-5-5　选择复制选项

方法二：在源通道上右击，弹出快捷菜单，执行【复制】命令，如图 4-5-6 所示。

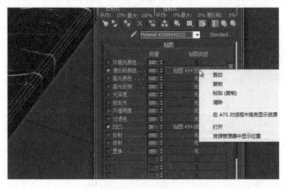

图 4-5-6　复制

　　在目标通道上右击，弹出快捷菜单，执行【粘贴（复制）】或【粘贴（实例）】命令，如图 4-5-7 所示。

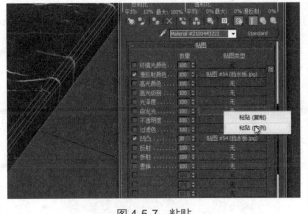

图 4-5-7　粘贴

4.6　实战演练

　　运用所学知识完成如图 4-6-1 所示的室内场景贴图效果的制作。

图 4-6-1　室内场景贴图效果

 制作要求

　　（1）木制材质表现正确。

　　（2）地面有反射效果。

　　（3）将柜子中的酒瓶设置为不同的颜色。

制作提示

　　（1）场景中包括基本的表面贴图，如画框、木质家具。

　　（2）给地面设置反射效果。

　　（3）使用【UVW 展开】修改器制作酒瓶贴图效果。

　　（4）给场景设置背景图片。

项 目 评 价

项目实训评价表						
项目	内容		评定等级			
	学习目标	评价项目	4	3	2	1
职业能力	熟练使用【材质编辑器】窗口	能熟练操作【材质编辑器】窗口				
		能设置【材质编辑器】窗口中的常用参数				
	熟练设置常见贴图	能熟练使用【UVW 贴图】修改器				
		能熟练使用【UVW 展开】修改器				
	熟练设置反射效果	能设置反射的材质效果				
		能根据需要调整各项参数				
综合评价						

项目 5　质感的表现

在 3ds Max 中创建的三维模型本身不具备任何表面特征，要让模型具有真实的表面材质效果，必须给模型设置相应的材质，这样才可以使制作的模型看上去像真实世界中的物体一样。设定材质的标准是：以真实世界的物体为依据，真实表现出物体材质的属性，如物体的表面纹理、反射、折射属性等。项目效果如图 5-0-1 所示。

图 5-0-1　项目效果

- 掌握玻璃质感的表现方法
- 掌握镜子反射效果的制作方法
- 掌握不锈钢材质的设置方法
- 掌握材质库的生成和使用方法

项目分析

本项目主要表现卫生间的玻璃、镜子和不锈钢材质的效果，首先，通过设置玻璃材质的反射参数和折射参数来表现玻璃的通透效果；然后，通过设置镜子的反射参数来表现镜子表面的反射效果，卫生间的大部分材质都有反射效果，只是有强弱之分；最后，完成不锈钢材质的设置。本项目主要需要完成以下 3 个环节。

① 玻璃质感的表现。

② 镜子反射效果的制作。

③ 不锈钢材质的设置。

实现步骤

5.1　玻璃质感的表现

STEP 01 运行 3ds Max 2016 简体中文版，单击软件最上方的【打开】 按钮，弹出【打开文件】对话框，找到本项目提供的卫生间场景素材，单击【打开】按钮，卫生间场景如图 5-1-1 所示。

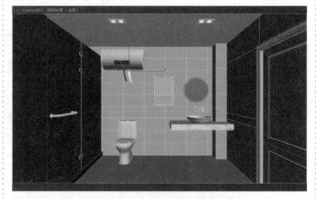

图 5-1-1　卫生间场景

STEP 02 单击工具栏中的【材质编辑器】 按钮或按【M】键，打开【材质编辑器】窗口，选择第 1 个材质球，如图 5-1-2 所示。

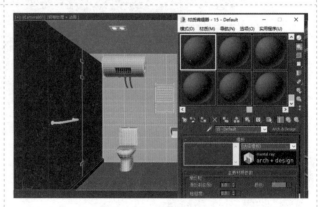

图 5-1-2　选择材质球

STEP 03　单击【材质编辑器】窗口中的【Arch&Design】按钮，打开【材质/贴图浏览器】对话框，展开【V-Ray】材质栏，选择【VRayMtl】材质，单击【确定】按钮，如图 5-1-3 所示。

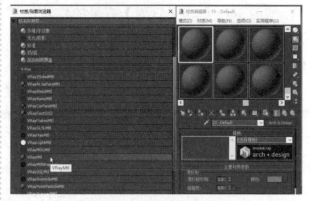

图 5-1-3　选择【VRayMtl】材质

STEP 04　输入材质名称为【玻璃】，选择场景中的玻璃挡板模型，单击【材质编辑器】窗口中的【将材质指定给选定对象】按钮，如图 5-1-4 所示。

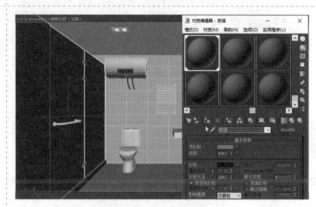

图 5-1-4　指定模型材质

STEP 05　展开【基本参数】卷展栏，单击【反射】右侧的色块，弹出【颜色选择器：反射】对话框，设置【亮度】为【255】，单击【确定】按钮，如图 5-1-5 所示。

图 5-1-5　设置反射亮度

STEP 06　单击【材质编辑器】窗口中的【背景】按钮，显示材质球背景，双击材质球，弹出一个独立的材质球显示窗口，可通过拖曳改变窗口大小，以便观察材质效果，如图 5-1-6 所示。

图 5-1-6　显示材质球背景

STEP 07 单击【折射】右侧的色块，弹出【颜色选择器：refraction】对话框，设置【亮度】为【255】，单击【确定】按钮，如图 5-1-7 所示。

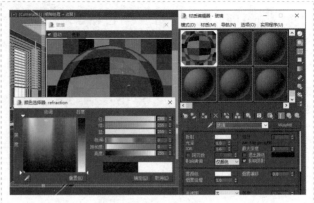

图 5-1-7 设置折射亮度

STEP 08 按【C】键，将当前视图切换至【Camera001】视图，单击工具栏中的【渲染产品】按钮，得到通透的玻璃材质效果，如图 5-1-8 所示。

图 5-1-8 渲染场景（1）

STEP 09 在【材质编辑器】窗口中勾选【退出颜色】复选框，并单击其右侧的色块，弹出【颜色选择器：refract_exitColor】对话框，选择深绿色，如图 5-1-9 所示。

注：退出颜色是玻璃物体厚度位置的颜色。

图 5-1-9 设置退出颜色

STEP 10 单击工具栏中的【渲染产品】按钮，得到通透玻璃厚度的颜色效果，玻璃效果更加逼真，如图 5-1-10 所示。

图 5-1-10 渲染场景（2）

5.2   镜子反射效果的制作

STEP 01 按【P】键，将当前视图切换至
【透视】视图，调整视图大小，使镜子最大化
显示在视图中，单击工具栏中的【材质编辑
器】■按钮或按【M】键，打开【材质编辑器】
窗口，选择第 2 个材质球，如图 5-2-1 所示。

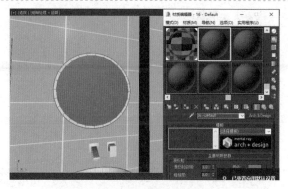

图 5-2-1   选择材质球

STEP 02 单击【材质编辑器】窗口中的
【Arch&Design】按钮，打开【材质/贴图浏
览器】对话框，展开【V-Ray】材质栏，选
择【VRayMtl】材质，单击【确定】按钮，
如图 5-2-2 所示。

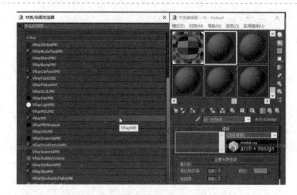

图 5-2-2   选择【VRayMtl】材质

STEP 03 展开【基本参数】卷展栏，单击
【反射】右侧的色块，弹出【颜色选择器：反
射】对话框，设置【亮度】为【255】，单击【确
定】按钮，如图 5-2-3 所示。

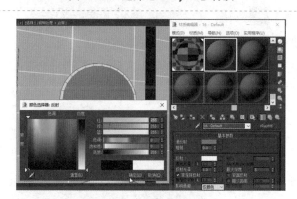

图 5-2-3   设置反射亮度

STEP 04 单击【材质编辑器】窗口中的
【背景】■按钮，显示材质球背景，取消勾选
【菲涅尔反射】复选框，如图 5-2-4 所示。

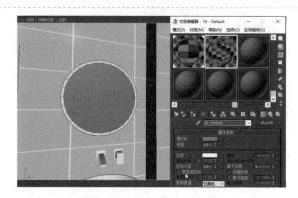

图 5-2-4   显示材质球背景

STEP 05 选择视图中的圆形镜子模型，单击【材质编辑器】窗口中的【将材质指定给选定对象】 按钮，如图 5-2-5 所示。

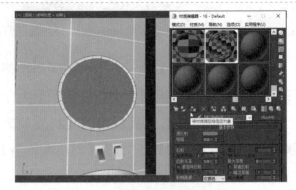

图 5-2-5 指定模型材质

STEP 06 单击工具栏中的【渲染产品】按钮，查看当前效果，镜子模型反射了场景中的物体，如图 5-2-6 所示。

图 5-2-6 渲染场景（1）

STEP 07 按【C】键，将当前视图切换至【Camera001】视图，单击工具栏中的【渲染产品】按钮，查看整体场景效果，如图 5-2-7 所示。

图 5-2-7 渲染场景（2）

5.3 不锈钢材质的设置

STEP 01 按【P】键，将当前视图切换至【透视】视图，调整视图大小，使淋浴房中的花洒模型显示在视图的突出位置，如图 5-3-1 所示。

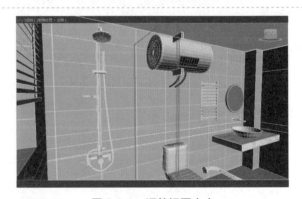

图 5-3-1 调整视图大小

STEP 02 单击工具栏中的【材质编辑器】 按钮或按【M】键，打开【材质编辑器】窗口，选择第 3 个材质球，将材质命名为【不锈钢】。选择花洒模型，单击【材质编辑器】窗口中的【将材质指定给选定对象】 按钮，如图 5-3-2 所示。

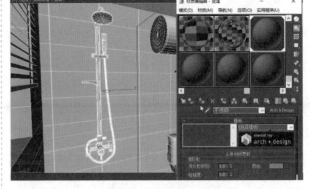

图 5-3-2　指定模型材质

STEP 03 单击【材质编辑器】窗口中的【Arch&Design】按钮，打开【材质/贴图浏览器】对话框，展开【V-Ray】材质栏，选择【VRayMtl】材质，单击【确定】按钮，如图 5-3-3 所示。

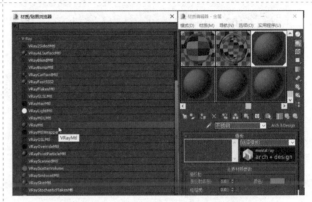

图 5-3-3　选择【VRayMtl】材质

STEP 04 展开【基本参数】卷展栏，单击【反射】右侧的色块，弹出【颜色选择器：反射】对话框，设置【亮度】为【255】，单击【确定】按钮，如图 5-3-4 所示。

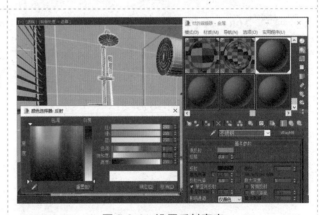

图 5-3-4　设置反射亮度

STEP 05 单击【高光光泽】右侧的【L】按钮，在其数值调节框中输入【0.79】，取消勾选【菲涅尔反射】复选框，如图 5-3-5 所示。

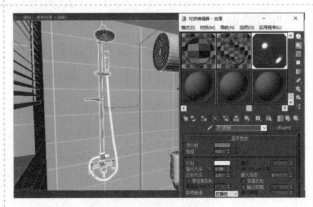

图 5-3-5　设置参数

STEP 06 单击【材质编辑器】窗口中的【背景】▦按钮，显示材质球背景，双击材质球，弹出一个独立的材质球显示窗口，可通过拖曳改变窗口大小，以便观察材质效果，如图 5-3-6 所示。

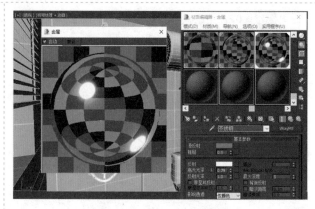

图 5-3-6　显示材质球背景

STEP 07 单击工具栏中的【渲染产品】🫖按钮，查看花洒模型的不锈钢效果，单击【材质编辑器】窗口中的【将材质指定给选定对象】🔳按钮，如图 5-3-7 所示。

图 5-3-7　渲染场景（1）

STEP 08 按【F3】键，将场景切换为【线框】显示模式，选择视图中需要设置不锈钢材质的模型，将设置好的不锈钢材质指定给选定的模型，如图 5-3-8 所示。

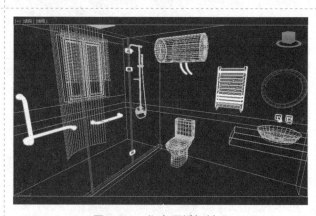

图 5-3-8　指定不锈钢材质

STEP 09 按【C】键，将当前视图切换至【Camera001】视图，单击工具栏中的【渲染产品】🫖按钮，查看整体场景效果，如图 5-3-9 所示。

图 5-3-9　渲染场景（2）

5.4 相关知识

1. 材质库的使用

当经常制作项目时，可以将设置得比较复杂的材质或者一些常用的材质建立一个材质库，用户以后在制作项目时可以直接调用其中的材质，也可以将其共享给其他人直接使用。

STEP 01 打开【材质编辑器】窗口，单击窗口下方的【获取材质】按钮，弹出【材质/贴图浏览器】对话框，如图 5-4-1 所示。

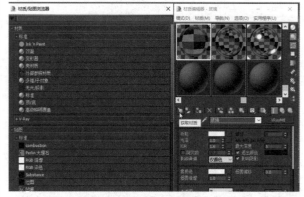

图 5-4-1 单击【获取材质】按钮

STEP 02 单击【材质/贴图浏览器】对话框中的【选项】下拉按钮，在弹出的下拉列表中选择【新材质库】选项，如图 5-4-2 所示。

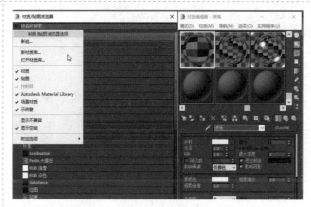

图 5-4-2 选择【新材质库】选项

STEP 03 弹出【创建新材质库】对话框，选择保存的路径，设置材质库的名称为【新库 1】，单击【保存】按钮，如图 5-4-3 所示。

图 5-4-3 设置材质库名称

STEP 04 在【材质编辑器】窗口中选择一个设置完成的材质球，单击【放入库】 按钮，弹出下拉列表，选择【新库 1.mat】选项，如图 5-4-4 所示。

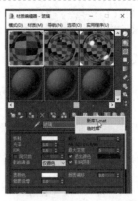

图 5-4-4 选择【新库 1.mat】选项

STEP 05 弹出【放置到库】对话框，输入材质名称，单击【确定】按钮，如图 5-4-5 所示。

注：保存的材质会及时出现在【材质/贴图浏览器】对话框的【新库 1.mat】栏下面。

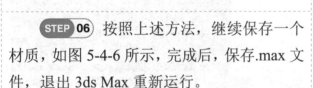

图 5-4-5 输入材质名称

STEP 06 按照上述方法，继续保存一个材质，如图 5-4-6 所示，完成后，保存.max 文件，退出 3ds Max 重新运行。

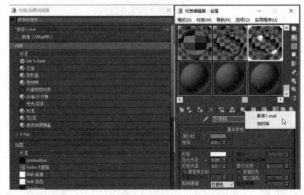

图 5-4-6 保存材质

STEP 07 打开【材质编辑器】窗口，单击窗口下方的【获取材质】 按钮，在弹出的【材质/贴图浏览器】对话框中单击【选项】下拉按钮，在弹出的下拉列表中选择【打开材质库】选项，如图 5-4-7 所示，找到在第 6 步中保存的.max 文件，打开后会出现在【材质/贴图浏览器】对话框中，里面保存的材质就能直接使用了。

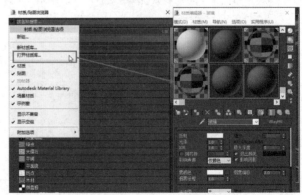

图 5-4-7 选择【打开材质库】选项

2. VRay 的反射和折射

生活中的很多物品都具有反射属性，如金属类物品、陶瓷类物品、油漆过的木质材质等；很多物品也具有折射属性，如玻璃、水、冰块等。VRay 中的反射参数和折射参数非常重要，下面通过设置卡通模型的材质来进行详细说明。

STEP 01 打开本项目提供的小球场景素材，选择一个材质球，选择【VRayMtl】材质，单击【反射】右侧的色块，弹出【颜色选择器：反射】对话框，设置【亮度】为【255】，单击【确定】按钮，单击【将材质指定给选定对象】按钮，给场景中的模型指定材质，如图 5-4-8 所示。

反射颜色的亮度值反映了模型反射能力的强度，255（即白色）为 100%反射，一般用来表现镜子等材质的反射效果。

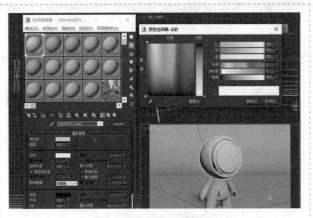

图 5-4-8　设置反射亮度

STEP 02 单击工具栏中的【渲染产品】按钮，查看设置反射材质后的模型效果，如图 5-4-9 所示。

图 5-4-9　渲染场景（1）

STEP 03 单击【反射】右侧的色块，弹出【颜色选择器：反射】对话框，在【色调】下面的颜色框中选择金黄色，如图 5-4-10 所示。

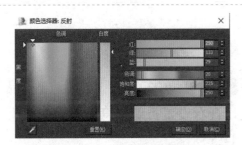

图 5-4-10　设置反射颜色

STEP 04 单击工具栏中的【渲染产品】按钮，查看设置反射颜色后的模型效果，模型除表面具有反射效果外，整体具有金黄色质感，如图 5-4-11 所示。

图 5-4-11　渲染场景（2）

93

STEP 05 单击【高光光泽】右侧的【L】按钮，在其数值调节框中输入【0.56】，在【反射光泽】数值调节框中输入【0.54】，取消勾选【菲涅尔反射】复选框，如图5-4-12所示。

【反射光泽】参数值越小，模型表面越模糊，亚光金属或磨砂玻璃可以使用这项参数。

图 5-4-12　设置反射参数

STEP 06 单击工具栏中的【渲染产品】按钮，查看设置【高光光泽】和【反射光泽】后的模型效果，模型有了明显的高光，反射效果变得模糊，如图5-4-13所示。

图 5-4-13　渲染场景（3）

STEP 07 单击【折射】右侧的色块，弹出【颜色选择器：refraction】对话框，设置【亮度】为【255】，单击【确定】按钮，如图5-4-14所示。

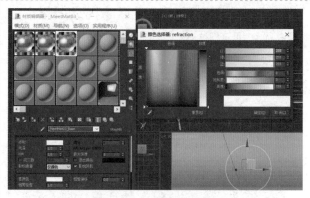

图 5-4-14　设置折射亮度

STEP 08 单击工具栏中的【渲染产品】按钮，查看设置折射亮度后的模型效果，如图5-4-15所示。

折射颜色的亮度值反映了模型折射能力的强度，255（即白色）为100%折射，一般用来表现玻璃、冰块等材质的折射效果。

图 5-4-15　渲染场景（4）

STEP 09 勾选【退出颜色】复选框，并单击其右侧的色块，弹出【颜色选择器：refract_exitColor】对话框，设置颜色为蓝色，如图 5-4-16 所示。

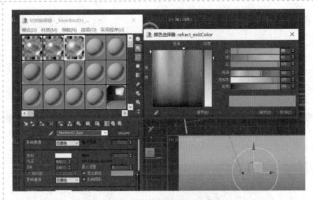

图 5-4-16　设置退出颜色

STEP 10 单击工具栏中的【渲染产品】按钮，查看设置退出颜色后的模型效果，如图 5-4-17 所示，在模型的边缘处有蓝色的效果。退出颜色通常用来表现玻璃厚度、薄冰侧面等的颜色。

图 5-4-17　渲染场景（5）

5.5　实战演练

具有金属边框的近视眼镜，放在一张风景照片上面，透过玻璃镜片可以看到变形的纹理，如图 5-5-1 所示。根据本项目所学知识，完成该实例的制作。

图 5-5-1　眼镜与照片效果

制作要求

（1）打开本项目提供的素材文件。

（2）设置木地板、照片贴图。

（3）设置不锈钢、玻璃材质效果。

（4）渲染输出。

 制作提示

（1）不锈钢和木地板需要添加反射效果。

（2）玻璃镜片需要添加折射效果。

（3）调整反射和折射参数。

项目评价

项目实训评价表						
项目	内容		评定等级			
	学习目标	评价项目	4	3	2	1
职业能力	设置玻璃、镜子材质	能熟练设置玻璃材质				
		能熟练设置镜子材质				
	设置不锈钢材质	能熟练设置不锈钢材质				
		能熟练修改不锈钢材质的各项参数				
	建立自己常用的材质库	能熟练建立材质库				
		能熟练使用材质库				
综合评价						

项目 6　三维动画的制作

项目描述

　　拧开水龙头，水在不锈钢水管中流动，流出水管，并流入水池，这就是本项目要模拟的一个场景。在动画中，我们对不锈钢水管进行了透明设置，读者能清楚地看到水沿弯曲的水管流动的情景。本项目的主要动画效果截图如图 6-0-1 所示。

图 6-0-1　本项目的主要动画效果截图

学习目标

- 掌握旋转动画的制作方法
- 掌握路径变形动画的制作方法
- 掌握粒子动画的制作方法
- 掌握摄像机镜头动画的制作方法

项目分析

在本项目中，拧开水龙头动画为旋转动画；水在水管中流动的动画通过路径变形制作；水流出水管后的动画用粒子系统模拟；不锈钢水管的透明效果通过设置模型的可见性获得；项目的最后制作了摄像机镜头动画。本项目主要需要完成以下 4 个环节。

① 水龙头旋转动画与水管透明效果的制作。

② 水在水管中流动的动画制作。

③ 水流出水管后的动画制作。

④ 摄像机镜头的动画制作。

实现步骤

6.1 水龙头旋转动画与水管透明效果的制作

STEP 01 依次单击【创建】 、【辅助对象】 和【虚拟对象】按钮，在视图中创建一个虚拟对象，并将虚拟对象移动至如图 6-1-1 所示的位置。

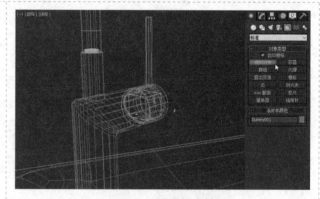

图 6-1-1 创建虚拟对象

STEP 02 选择视图中的水龙头模型，如图 6-1-2 所示。

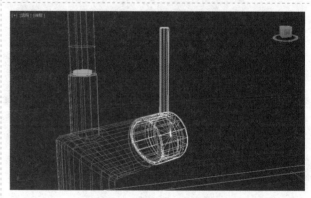

图 6-1-2 选择水龙头模型

STEP 03 依次单击工具栏中的【选择并链接】按钮和【按名称选择】按钮，弹出【选择父对象】对话框，在该对话框中选择【Dummy001】选项，单击【链接】按钮，如图 6-1-3 所示。

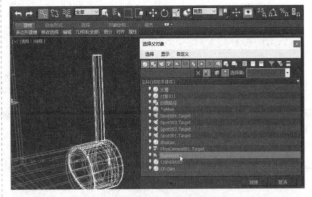

图 6-1-3　选择父对象

STEP 04 选择视图中的【Dummy001】对象，使用【选择并旋转】工具测试水龙头模型是否已被【Dummy001】对象控制，如图 6-1-4 所示。

注：对象之间通过链接形成父子关系，父对象能控制子对象的位置、旋转角度和大小。

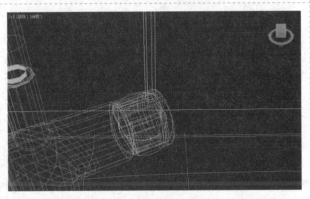

图 6-1-4　旋转测试

STEP 05 按住【Alt】键并右击，在弹出的快捷菜单中执行【局部】命令，如图 6-1-5 所示。

注：按住【Alt】键并右击可以快速切换各种坐标系。

图 6-1-5　选择局部坐标系

STEP 06 确定【Dummy001】对象处于被选择状态，按【F3】键切换至【真实】显示模式，单击【自动关键点】按钮，将鼠标指针放到 50 / 150 上，移动时间滑块至第 10 帧，如图 6-1-6 所示。

图 6-1-6　移动时间滑块

STEP 07 在时间滑块上右击，弹出【创建关键点】对话框，取消勾选【位置】和【缩放】复选框，单击【确定】按钮，如图 6-1-7 所示。

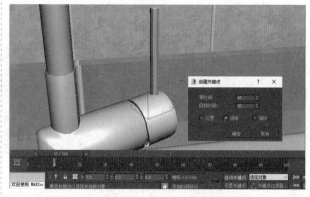

图 6-1-7　创建关键帧

STEP 08 移动时间滑块至第 19 帧的位置，使用【选择并旋转】工具将虚拟对象沿 X 轴旋转 50 度，如图 6-1-8 所示。

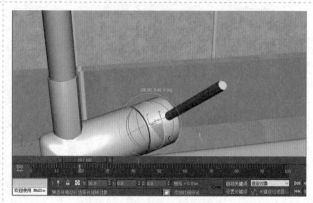

图 6-1-8　旋转虚拟对象

STEP 09 在第 10 帧和第 19 帧之间移动时间滑块，测试完成的【Dummy001】对象旋转动画效果截图如图 6-1-9 所示。

图 6-1-9　旋转动画效果截图

STEP 10 选择视图中的水管模型，如图 6-1-10 所示。

图 6-1-10　选择水管模型

STEP 11 移动时间滑块至第 40 帧的位置，在视图中的水管模型上右击，在弹出的快捷菜单中执行【对象属性】命令，弹出【对象属性】对话框，在【渲染控制】栏中设置【可见性】为【0.3】，如图 6-1-11 所示，单击【确定】按钮。

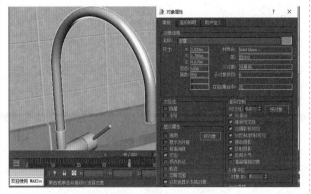

图 6-1-11　设置可见性（1）

STEP 12 移动时间滑块至第 50 帧的位置，在视图中的水管模型上右击，在弹出的快捷菜单中执行【对象属性】命令，如图 6-1-12 所示。

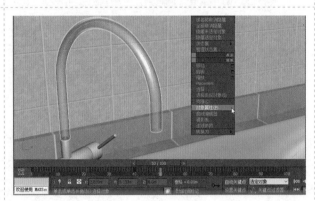

图 6-1-12　执行【对象属性】命令

STEP 13 弹出【对象属性】对话框，在【渲染控制】栏中设置【可见性】为【1.0】，如图 6-1-13 所示，单击【确定】按钮。

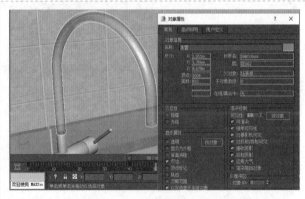

图 6-1-13　设置可见性（2）

STEP 14 选择第 0 帧的关键帧并右击，在弹出的快捷菜单中执行【水管：可见性】命令，如图 6-1-14 所示。

图 6-1-14　执行【水管：可见性】命令

STEP 15 弹出【水管：可见性】对话框，设置【值】为【0.3】，其他参数采用默认设置，单击【关闭】✕ 按钮，如图 6-1-15 所示。

图 6-1-15 设置参数

STEP 16 在第 0 帧和第 50 帧之间移动时间滑块，测试完成的水管透明效果如图 6-1-16 所示。

图 6-1-16 水管透明效果

6.2 水在水管中流动的动画制作

STEP 01 制作水在水管中流动的动画，需要沿水管的中心绘制一条曲线，这条曲线将作为动画路径，如图 6-2-1 所示。

注：本项目提供的素材中有动画路径，读者可以直接使用。

图 6-2-1 准备动画路径

STEP 02 单击【创建】→【几何体】◯ 按钮，在【对象类型】卷展栏中单击【圆柱体】按钮，勾选【自动栅格】复选框，在【透视】视图中创建一个圆柱体并设置参数，如图 6-2-2 所示。

注：因为这个圆柱体用于模拟水在水管中流动的动画，所以【高度分段】参数值需要设置得大一些，其半径要比水管的半径小。

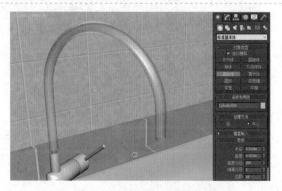

图 6-2-2 创建圆柱体并设置参数

STEP 03 单击工具栏中的【材质编辑器】按钮，打开【材质编辑器】窗口，选择一个新的材质球，在【明暗器基本参数】卷展栏中勾选【双面】复选框；在【Blinn 基本参数】卷展栏中设置【漫反射】颜色为黑色，【不透明度】为【15】，如图 6-2-3 所示。

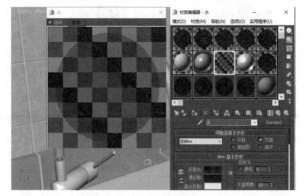

图 6-2-3 设置材质参数（1）

STEP 04 在【反射高光】栏中设置【高光级别】为【100】，【光泽度】为【65】，如图 6-2-4 所示。

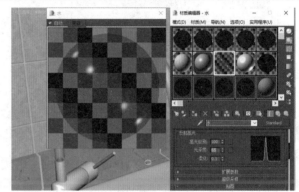

图 6-2-4 设置材质参数（2）

STEP 05 展开【贴图】卷展栏，勾选【反射】通道，设置其值为【35】，单击其右侧的【无】按钮，打开【材质/贴图浏览器】对话框，选择【渐变】贴图，如图 6-2-5 所示。

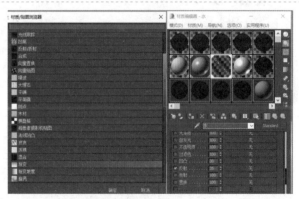

图 6-2-5 选择【渐变】贴图

STEP 06 进入【渐变】贴图通道，在【渐变参数】卷展栏中设置【颜色#1】【颜色#2】【颜色#3】分别为蓝色、白色、深蓝色，单击【将材质指定给选定对象】按钮，如图 6-2-6 所示。

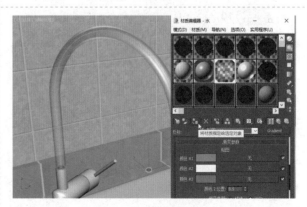

图 6-2-6 设置渐变颜色

103

STEP 07 进入【修改】▨面板，给模型添加【路径变形绑定（WSM）】修改器，单击【参数】卷展栏中的【拾取路径】按钮，选择视图中水管的动画路径，如图 6-2-7 所示。

图 6-2-7　设置路径变形

STEP 08 单击 自动关键点 按钮，开启自动关键点，移动时间滑块至第 40 帧的位置，进入【修改】▨面板，设置【参数】卷展栏中的【拉伸】为【160.0】，如图 6-2-8 所示。

开启自动关键点后，模型的变动参数会被记录在当前时间滑块所在的帧处，而变动前的参数会被记录在第 0 帧处，从而在第 0 帧与当前时间滑块所在的帧之间产生动画。

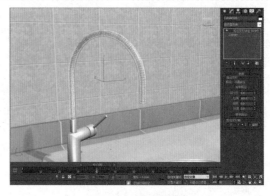

图 6-2-8　设置参数

STEP 09 选择第 0 帧上的关键帧，如图 6-2-9 所示。

图 6-2-9　选择关键帧

STEP 10 移动第 0 帧上的关键帧至第 20 帧的位置，如图 6-2-10 所示。

图 6-2-10　移动关键帧

STEP 11 在第 20 帧和第 40 帧之间移动时间滑块，测试完成的水在水管中流动的动画效果截图如图 6-2-11 所示。

图 6-2-11　水在水管中流动的动画效果截图

6.3　水流出水管后的动画制作

STEP 01 进入【创建】面板，在其下拉列表中选择【粒子系统】选项，在【对象类型】卷展栏中单击【超级喷射】按钮，在【透视】视图中创建一个超级喷射粒子，如图 6-3-1 所示。

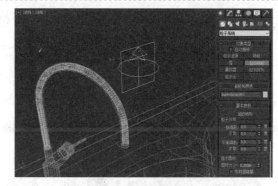

图 6-3-1　创建粒子

STEP 02 选择粒子，单击【捕捉开关】按钮，使用【选择并旋转】工具，将粒子沿 X 轴旋转 180 度，调整粒子的发射方向，使其朝下发射，如图 6-3-2 所示。

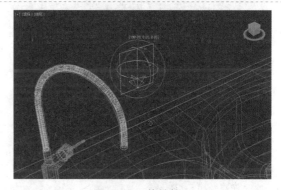

图 6-3-2　旋转粒子

STEP 03 按【T】键将当前视图切换至【顶】视图，使用【选择并移动】工具，调整粒子的位置，如图 6-3-3 所示。

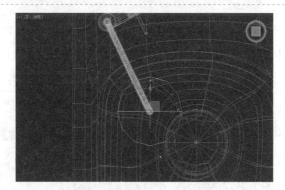

图 6-3-3　调整粒子的位置（1）

STEP 04 按【F】键将当前视图切换至【前】视图，使用【选择并移动】✛工具，调整粒子的位置，如图 6-3-4 所示。

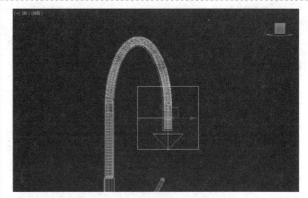

图 6-3-4　调整粒子的位置（2）

STEP 05 单击工具栏中的【材质编辑器】🔲按钮，打开【材质编辑器】窗口，选择在 6.2 节中设置好的水材质，单击【将材质指定给选定对象】🔲按钮，给粒子指定水材质，如图 6-3-5 所示。

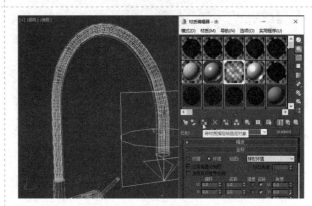

图 6-3-5　给粒子指定水材质

STEP 06 进入【修改】📄面板，在【视口显示】栏中，选中【网格】单选按钮，设置【粒子数百分比】为【100.0】，如图 6-3-6 所示。

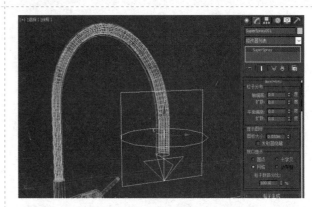

图 6-3-6　设置参数（1）

STEP 07 展开【粒子生成】卷展栏，选中【使用总数】单选按钮，在其数值调节框中输入【400】，在【粒子运动】栏中，设置【速度】为【0.005m】，【变化】为【8.25】；在【粒子计时】栏中，设置【发射开始】为【40】，【发射停止】为【150】，【显示时限】为【150】，【寿命】为【50】，【变化】为【25】，如图 6-3-7 所示。

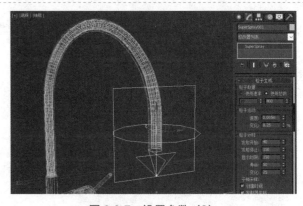

图 6-3-7　设置参数（2）

STEP 08 在【粒子大小】栏中，设置【大小】为【0.01m】，【变化】为【4.16】，如图 6-3-8 所示。

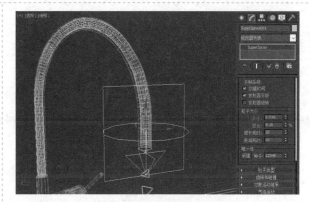

图 6-3-8　设置参数（3）

STEP 09 展开【粒子类型】卷展栏，选中【变形球粒子】单选按钮，在【变形球粒子参数】栏中，设置【张力】为【0.1】，【变化】为【2.89】，如图 6-3-9 所示。

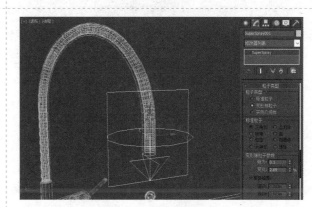

图 6-3-9　设置参数（4）

STEP 10 在工具栏中单击【时间配置】按钮，弹出【时间配置】对话框，在【动画】栏中，设置【结束时间】为【150】，如图 6-3-10 所示，单击【确定】按钮。

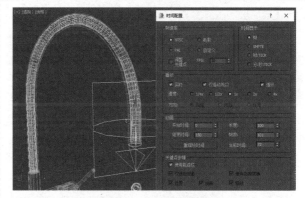

图 6-3-10　设置结束时间

STEP 11 在第 40 帧和第 150 帧之间移动时间滑块，测试完成的水流出水管后的动画效果截图如图 6-3-11 所示。

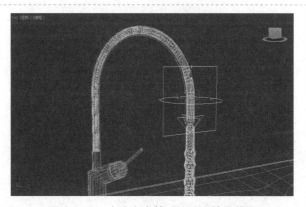

图 6-3-11　水流出水管后的动画效果截图

STEP 12 移动时间滑块至第 100 帧的位置，单击工具栏中的【渲染产品】 按钮，查看水流的静帧效果，如图 6-3-12 所示。

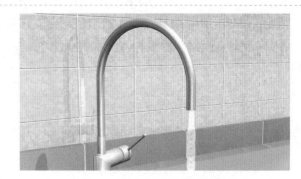

图 6-3-12　水流的静帧效果

6.4　摄像机镜头的动画制作

STEP 01 在视图左上方的【真实】按钮上单击，弹出下拉列表，选择【配置】选项，如图 6-4-1 所示。

图 6-4-1　选择【配置】选项

STEP 02 弹出【视口配置】对话框，切换至【布局】选项卡，选择【左右】布局类型，如图 6-4-2 所示，单击窗口中的【前】，在弹出的视图选择列表中，选择【透视】选项，单击【确定】按钮。

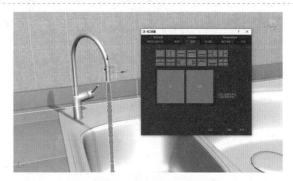

图 6-4-2　设置视图布局类型

STEP 03 拖曳两个视图中间的分割线，调整视图的大小，单击右侧视图中的【透视】按钮，弹出下拉列表，选择【显示安全框】选项，如图 6-4-3 所示。

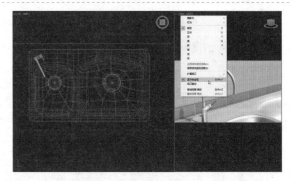

图 6-4-3　选择【显示安全框】选项

STEP 04 单击【创建】→【摄像机】按钮，在【对象类型】卷展栏中单击【目标】按钮，在左侧的【顶】视图中创建一个目标摄像机，如图 6-4-4 所示，右击右侧的视图，按【C】键切换至【Camera001】视图。

注：在制作摄像机镜头动画时，右侧为【Camera001】视图，用于监视镜头效果，主要的操作集中在左侧的视图中。

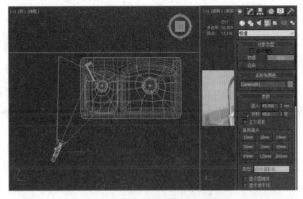

图 6-4-4　创建目标摄像机

STEP 05 将左侧的视图切换至【前】视图，使用【选择并移动】$\textcolor{black}{\oplus}$工具将摄像机的起点和目标点沿 Y 轴垂直向上移动，右侧的视图用于监视镜头效果，如图 6-4-5 所示。

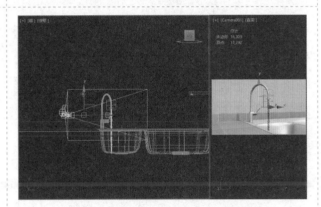

图 6-4-5　移动摄像机的起点和目标点

STEP 06 使用【选择并移动】$\oplus$工具在【顶】视图中调整摄像机的起点和目标点，如图 6-4-6 所示。

注：在调整摄像机时，可以将选择类型切换为【摄像机】C-摄影机，以便选择摄像机的起点和目标点。

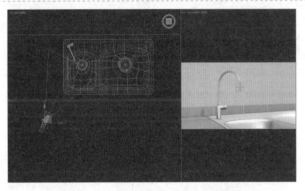

图 6-4-6　调整摄像机的起点和目标点

STEP 07 单击 自动关键点 按钮，移动时间滑块至第 70 帧的位置，在左侧的视图中使用【选择并移动】$\oplus$工具调整摄像机的起点，将其向右下方移动一小段，如图 6-4-7 所示。

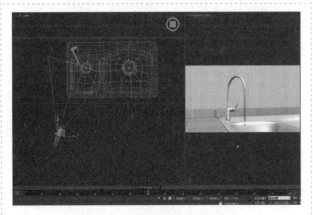

图 6-4-7　调整摄像机的起点（1）

STEP 08 移动时间滑块至第 140 帧的位置，在左侧的视图中使用【选择并移动】工具调整摄像机的起点，将其向右上方移动一小段，通过右侧的【Camera001】视图观察调整后的效果，如图 6-4-8 所示。

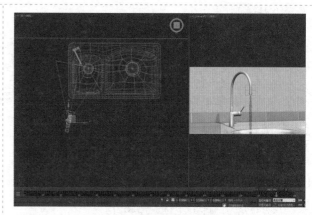

图 6-4-8　调整摄像机的起点（2）

STEP 09 右击右侧的视图，按【Alt+W】快捷键，最大化显示视图，在第 0 帧和第 150 帧之间移动时间滑块或单击【播放动画】按钮，测试完成的摄像机镜头的动画效果截图如图 6-4-9 所示。

图 6-4-9　摄像机镜头的动画效果截图

STEP 10 单击工具栏上的【渲染设置】按钮，弹出【渲染设置】窗口，切换至【公用】选项卡，在【时间输出】栏中选中【活动时间段：0 到 150】单选按钮；在【输出大小】栏中设置【宽度】为【1920】，【高度】为【1080】，如图 6-4-10 所示。

图 6-4-10　设置动画尺寸

STEP 11 在【渲染设置】窗口中，单击【渲染输出】栏中的【文件】按钮，弹出【渲染输出文件】对话框，选择文件保存路径，输入文件名，选择文件保存类型为【AVI 文件（*.avi）】，单击【保存】按钮，如图 6-4-11 所示。

图 6-4-11　设置渲染输出文件

STEP 12 弹出【AVI 文件压缩设置】对话框，选择【MJPEG Compressor】压缩器，设置【质量】为【100】，单击【确定】按钮，如图 6-4-12 所示。

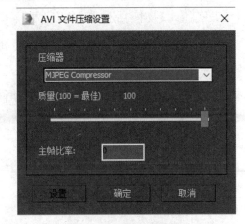

图 6-4-12 设置压缩格式

STEP 13 单击【渲染设置】窗口中的【渲染】按钮，对动画进行最后的渲染输出，如图 6-4-13 所示。

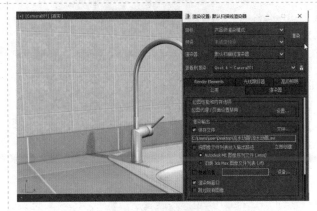

图 6-4-13 渲染输出

STEP 14 渲染结束后，按设置的路径找到渲染输出的动画文件，播放动画。图 6-4-14 所示为动画其中几个帧的截图参考。

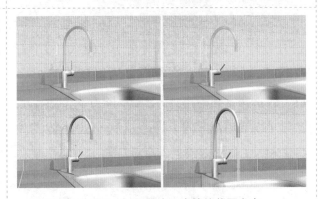

图 6-4-14 动画其中几个帧的截图参考

6.5 相关知识

1. 3ds Max 常用的动画制作方式

3ds Max 提供了强大的动画制作功能，几乎任何有参数的物体或修改器都能用来制作动画，下面简单列举几种平时使用频率比较高的动画制作方式。

1）通过修改物体自身的参数来制作动画

用户可以通过修改【创建】面板中的大部分物体（包括几何体、图形、灯光、摄像机、辅助对象等）自身的参数来制作动画。图 6-5-1 所示为通过修改圆柱体的【高度】参数制作圆柱体长高的动画。

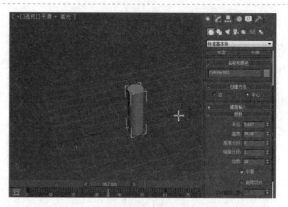

图 6-5-1　修改物体自身的参数制作动画

2）使用【变换】工具制作动画

3ds Max 中常用的【变换】工具包括移动、旋转、压缩，通过这 3 种工具可以很方便地制作物体的位移、旋转、缩放等动画效果。图 6-5-2 所示为茶壶的位移和旋转动画。

注：在制作位移动画时可以显示物体的移动轨迹，在【运动】面板的【轨迹】卷展栏中可以修改物体的移动轨迹。

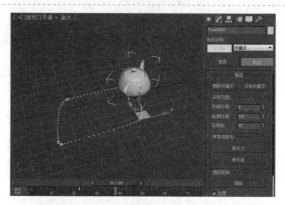

图 6-5-2　使用【变换】工具制作动画

3）使用修改器制作动画

3ds Max 中的修改器是功能非常强大的造型工具，该软件有几十个修改器，每个修改器都有相应的调整参数，通过调整这些参数（大部分）即可制作动画。图 6-5-3 所示为通过【Bend】（弯曲）修改器制作圆柱体的弯曲动画。

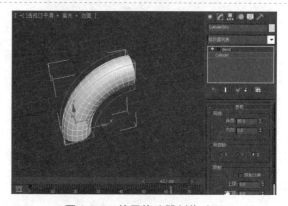

图 6-5-3　使用修改器制作动画

4）使用控制器制作动画

控制器是为 3ds Max 制作动画专门准备的，在【动画】菜单下有很多种控制器，使用控制器制作动画可以达到事半功倍的效果。图 6-5-4 所示为小球沿圆形路径运动，茶壶嘴始终"盯着"小球。此处分别使用了【路径约束】控制器和【注视约束】控制器。

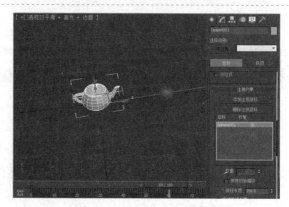

图 6-5-4　使用控制器制作动画

5）使用空间扭曲物体制作动画

使用空间扭曲物体可以制作各种不同的动画效果，如波浪、涟漪、爆炸等，而且空间扭曲物体本身是不被渲染的。图 6-5-5 所示为给平面物体制作的波浪动画。

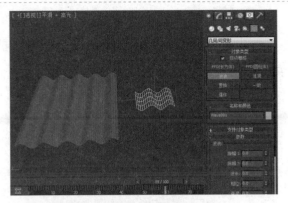

图 6-5-5 使用空间扭曲物体制作动画

6）使用【材质编辑器】窗口制作动画

物体的外观和质感需要使用材质来表现，大部分的材质还可以用来记录动画。图 6-5-6 所示为文字颜色变化的动画。

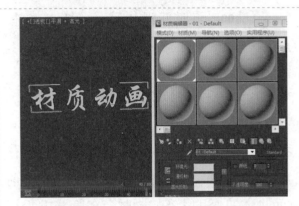

图 6-5-6 使用【材质编辑器】窗口制作动画

2. 自动关键帧与设置关键帧

自动关键帧是在 自动关键点 按钮开启的状态下制作动画的，在 自动关键点 按钮开启的情况下，物体在每个时间点的变化都会被自动记录成关键帧，而且会在动画开始位置（第 0 帧处）生成一个关键帧；设置关键帧是在 设置关键点 按钮开启的状态下制作动画的，这种状态下的每个关键帧的生成都需要单击状态栏中的 按钮完成。

下面通过制作一个小动画来区分这两种制作关键帧动画的方式。

区间设置如下：第 0～40 帧，茶壶从 A 点移动至 B 点；第 41～70 帧，茶壶旋转 2 圈；第 71～100 帧，茶壶变高。

1）使用自动关键帧制作动画

STEP 01 单击 自动关键点 按钮，将时间滑块移动至第 40 帧的位置，将茶壶从 A 点移动至 B 点，如图 6-5-7 所示。

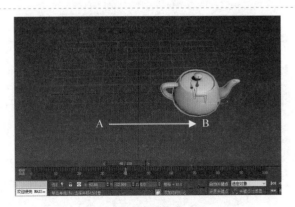

图 6-5-7 移动茶壶（1）

STEP 02 将时间滑块移动至第 70 帧的位置，单击【捕捉开关】🔼按钮，开启【角度捕捉】功能，使用【选择并旋转】⟳工具将茶壶沿 Z 轴旋转 360 度，如图 6-5-8 所示。

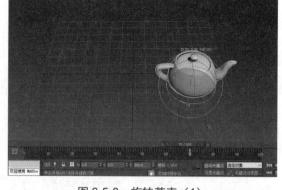

图 6-5-8　旋转茶壶（1）

STEP 03 将时间滑块移动至第 100 帧的位置，使用【选择并均匀缩放】◻️工具，沿 Z 轴缩放茶壶，如图 6-5-9 所示。

通过查看动画效果，可以发现旋转动画是在 0～70 帧，缩放动画是在 0～100 帧，其并不是按照本小节开头设计的区间进行变化的。也就是说，自动关键帧动画会记录当前时间物体的变化状态，同时会在第 0 帧处记录变化之前的状态。

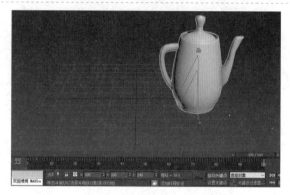

图 6-5-9　缩放茶壶（1）

2）使用设置关键帧制作动画

STEP 01 单击  按钮，将时间滑块移动至第 0 帧的位置，单击 🔑 按钮，在第 0 帧处创建茶壶的起始关键帧，如图 6-5-10 所示。

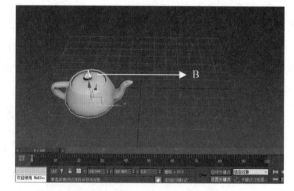

图 6-5-10　创建起始关键帧

STEP 02 将时间滑块移动至第 40 帧的位置，使用【选择并移动】✛工具，将茶壶移动至屏幕右侧，单击 🔑 按钮记录茶壶当前的状态，如图 6-5-11 所示。

图 6-5-11　移动茶壶（2）

STEP 03　将时间滑块移动至第 70 帧的位置,使用【选择并旋转】🔄工具沿 Z 轴将茶壶旋转 360 度,单击 🔑 按钮记录茶壶当前的状态,如图 6-5-12 所示。

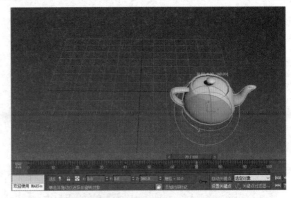

图 6-5-12　旋转茶壶(2)

STEP 04　将时间滑块移动至第 100 帧的位置,使用【选择并均匀缩放】🔳工具,沿 Z 轴缩放茶壶,单击 🔑 按钮记录茶壶当前的状态,如图 6-5-13 所示。

这样制作完成的动画与本小节开头设计的区间是一致的,每个过程都被清楚地展示出来。

图 6-5-13　缩放茶壶(2)

6.6　实战演练

现有一根透明管,还有一根可以沿透明管自由伸展的细管,细管的头部有 3 种不同颜色的灯光,沿细管伸展一起运动,灯光亮灯处还有几个自由旋转的小颗粒和灯光一起运动,效果截图如图 6-6-1 所示。

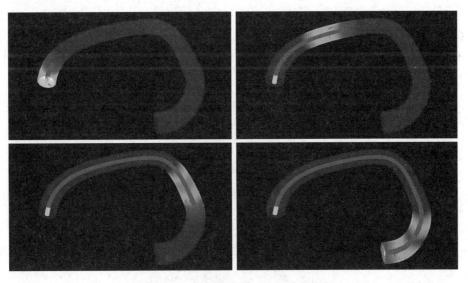

图 6-6-1　透明管中荧光动画效果截图

制作要求

（1）动画节奏合理。

（2）各个动画效果表达准确。

（3）使用本项目所学的技能完成制作。

制作提示

（1）使用路径变形制作细管，以及灯光、小颗粒沿路径变化的动画。

（2）通过旋转、拉伸路径并设置路径位置，模拟如图6-6-1所示的动画效果。

（3）灯光使用泛光灯，设置灯光照射范围。

（4）通过调整动画时间间隔，调整动画节奏。

项目评价

项目实训评价表						
项目	内容		评定等级			
	学习目标	评价项目	4	3	2	1
职业能力	制作路径变形动画	能正确设置路径变形的各项参数				
		能使用路径变形制作动画				
	调整动画节奏	能正确调整动画范围				
		能正确设置动画节奏				
	输出动画片段	能设置动画输出参数				
		能输出各种格式的动画				
综合评价						

项目 7　VRay 灯光的设置

项 目 描 述

　　大自然是五彩缤纷的，生活在这个美好的世界中，我们每天都能受到各种震撼视觉的感官刺激，这都是因为光的缘故。因为有光，大千世界有了本来的色彩。本项目将通过在卧室中设置合适的灯光效果，使卧室看起来更温馨，更有"家"的感觉，项目效果如图 7-0-1 所示。

图 7-0-1　项目效果

学 习 目 标

- 掌握 VRay 灯的创建和参数设置方法
- 掌握室内灯光的布光原理
- 掌握环境光的设置方法
- 掌握主光和补光的设置方法

室内灯光主要通过设置环境光、主光、补光这 3 种类型的灯光来制作，首先，根据白天、晚上来设置灯光强度，营造环境光的整体效果；然后，根据室内灯光模型所处的位置设置主光，环境光和主光体现了室内的整体亮度；最后，通过添加补光给场景设置更细化的灯光效果。本项目主要需要完成以下 3 个环节。

① 环境光的设置。

② 主光的设置。

③ 补光的设置。

实现步骤

7.1 环境光的设置

STEP 01 运行 3ds Max 2016 简体中文版，单击软件最上方的【打开】按钮，弹出【打开文件】对话框，找到本项目提供的卧室场景素材，单击【打开】按钮，卧室场景如图 7-1-1 所示。

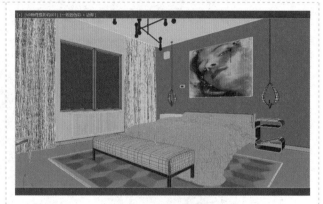

图 7-1-1 卧室场景

STEP 02 单击工具栏中的【渲染产品】按钮，查看卧室当前的场景效果，如图 7-1-2 所示。

注：由于当前没有设置任何光线，因此整个场景是漆黑一片的，只能看到设置了自发光效果的小圆球。

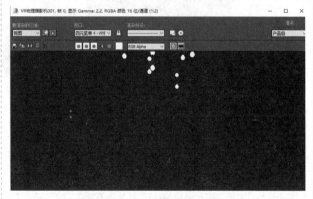

图 7-1-2 卧室当前的场景效果

STEP 03 执行菜单栏中的【渲染】→【环境】命令，或按【8】键，打开【环境和效果】窗口，单击【背景】栏中的【无】按钮，打开【材质/贴图浏览器】对话框，选择【VRaySky】贴图，如图 7-1-3 所示，单击【确定】按钮。

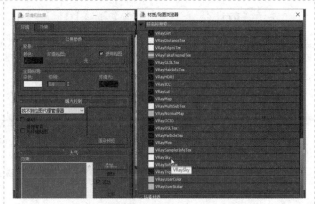

图 7-1-3　选择【VRaySky】贴图

STEP 04 单击工具栏中的【材质编辑器】按钮，打开【材质编辑器】窗口，将【环境和效果】窗口中添加的【VRaySky】贴图拖曳到【材质编辑器】窗口的第 1 个材质球上，打开【实例（副本）贴图】对话框，选中【实例】单选按钮，单击【确定】按钮，如图 7-1-4 所示。

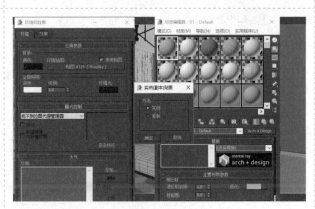

图 7-1-4　拖曳【VRaySky】贴图至材质球上

STEP 05 在【材质编辑器】窗口的【VRaySky 参数】卷展栏中，勾选【指定太阳节点】复选框，设置【太阳强度倍增】为【0.001】，如图 7-1-5 所示。

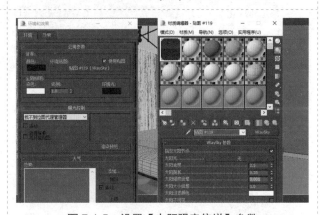

图 7-1-5　设置【太阳强度倍增】参数

STEP 06 关闭【材质编辑器】窗口，单击工具栏中的【渲染设置】按钮，打开【渲染设置】窗口，如图 7-1-6 所示。

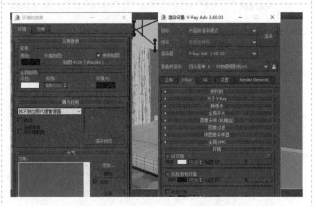

图 7-1-6　打开【渲染设置】窗口

119

STEP 07 在【渲染设置】窗口中切换至【V-Ray】选项卡，展开【环境】卷展栏，勾选【GI 环境】复选框，将【环境和效果】窗口中添加的【VRaySky】贴图拖曳到【贴图】复选框右侧的【无】按钮上，如图 7-1-7 所示。

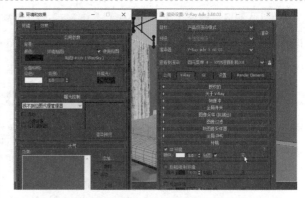

图 7-1-7　拖曳【VRaySky】贴图至【无】按钮上

STEP 08 打开【实例（副本）贴图】对话框，选中【实例】单选按钮，单击【确定】按钮，如图 7-1-8 所示。

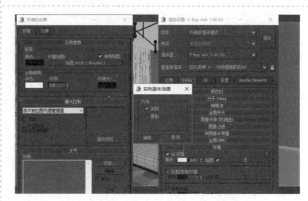

图 7-1-8　选择【实例】复制方式

STEP 09 关闭【环境和效果】窗口，在【渲染设置】窗口中切换至【GI】选项卡，在【全局光照】卷展栏中勾选【启用 GI】复选框，如图 7-1-9 所示。

图 7-1-9　勾选【启用 GI】复选框

STEP 10 单击工具栏中的【渲染产品】按钮，查看设置环境光后卧室的效果，如图 7-1-10 所示。

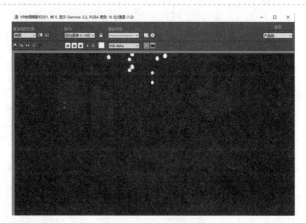

图 7-1-10　渲染效果

7.2　主光的设置

STEP 01 单击【创建】→【灯光】 按钮，并在其下拉列表中选择【VRay】选项，在【对象类型】卷展栏中单击【VRayLight】按钮，在【顶】视图中创建一个灯，并命名为【VRayLight001】，如图 7-2-1 所示。

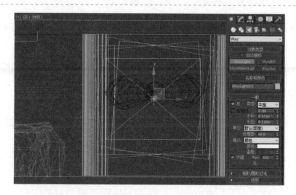

图 7-2-1　创建【VRayLight】灯（1）

STEP 02 进入【修改】 面板，展开【一般】卷展栏，在【类型】下拉列表中选择【球体】选项，如图 7-2-2 所示。

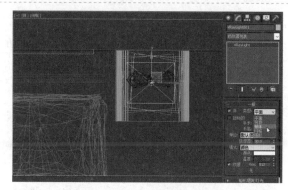

图 7-2-2　选择【球体】选项（1）

STEP 03 在【顶】视图中，按住【Shift】键并使用【选择并移动】 工具，沿 XY 平面调整灯的位置，如图 7-2-3 所示。

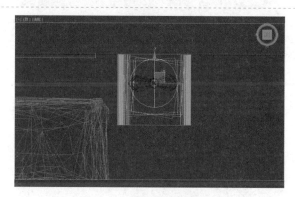

图 7-2-3　调整灯的位置（1）

STEP 04 切换至【前】视图，按住【Shift】键并使用【选择并移动】 工具，沿 XY 平面调整灯的位置，如图 7-2-4 所示。

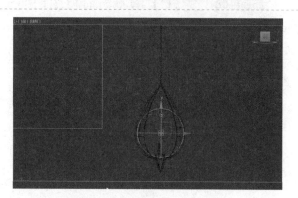

图 7-2-4　调整灯的位置（2）

STEP 05 按【C】键将当前视图切换至【VR 物理摄像机 001】视图，单击工具栏中的【渲染产品】 按钮，查看当前卧室的效果，如图 7-2-5 所示。

图 7-2-5 渲染效果（1）

STEP 06 选择【VRayLight001】灯，进入【修改】 面板，在【一般】卷展栏中，设置【倍增器】为【30.0】，单击【颜色】右侧的色块，弹出【颜色选择器：颜色】对话框，设置颜色为淡粉色，如图 7-2-6 所示。

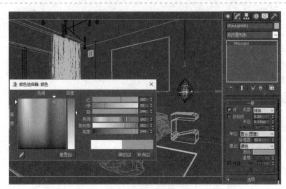

图 7-2-6 设置灯光强度和灯的颜色

STEP 07 展开【选项】卷展栏，勾选【不可见】复选框，其他参数采用默认设置，如图 7-2-7 所示。

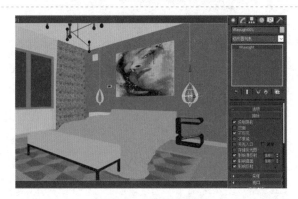

图 7-2-7 设置不可见

STEP 08 按【C】键将当前视图切换至【VR 物理摄像机 001】视图，单击工具栏中的【渲染产品】 按钮，查看当前卧室的效果，如图 7-2-8 所示。

图 7-2-8 渲染效果（2）

STEP 09 切换至【顶】视图，选择【VRayLight001】灯，按住【Shift】键并使用【选择并移动】十字工具，沿 X 轴水平向左复制灯，弹出【克隆选项】对话框，在【对象】栏中选中【实例】单选按钮，单击【确定】按钮，如图 7-2-9 所示。

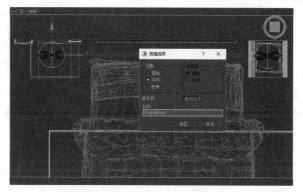

图 7-2-9　复制灯（1）

STEP 10 按【C】键将当前视图切换至【VR 物理摄像机 001】视图，单击工具栏中的【渲染产品】按钮，查看当前卧室的效果，如图 7-2-10 所示。

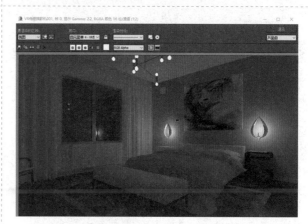

图 7-2-10　渲染效果（3）

STEP 11 单击【创建】→【灯光】按钮，并在其下拉列表中选择【VRay】选项，在【对象类型】卷展栏中单击【VRayLight】按钮，在【顶】视图中创建一个灯，并命名为【VRayLight 003】，如图 7-2-11 所示。

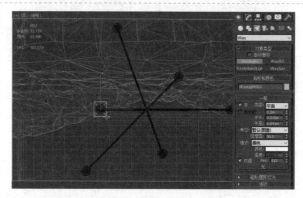

图 7-2-11　创建【VRayLight】灯（2）

STEP 12 进入【修改】面板，展开【一般】卷展栏，在【类型】下拉列表中选择【球体】选项，如图 7-2-12 所示。

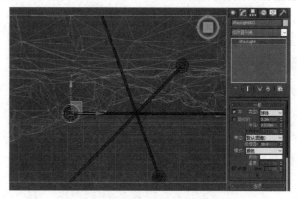

图 7-2-12　选择【球体】选项（2）

123

STEP 13 切换至【前】视图，使用【选择并移动】✛工具，沿 *Y* 轴垂直移动灯至视图中的位置，展开【选项】卷展栏，勾选【不可见】复选框，如图 7-2-13 所示。

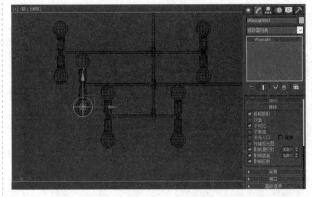

图 7-2-13　调整灯的位置并设置不可见

STEP 14 展开【一般】卷展栏，单击【颜色】右侧的色块，弹出【颜色选择器：颜色】对话框，设置颜色为淡黄色，如图 7-2-14 所示。

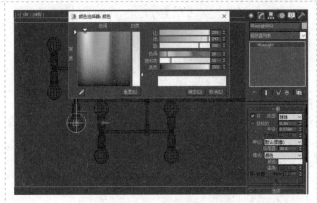

图 7-2-14　设置灯的颜色

STEP 15 切换至【顶】视图，按住【Shift】键并使用【选择并移动】✛工具，沿 *XY* 平面复制灯，弹出【克隆选项】对话框，在【对象】栏中选中【实例】单选按钮，单击【确定】按钮，如图 7-2-15 所示。

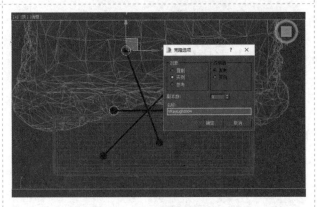

图 7-2-15　复制灯（2）

STEP 16 切换至【前】视图，使用【选择并移动】✛工具，沿 *Y* 轴垂直移动灯至视图中的位置，如图 7-2-16 所示。

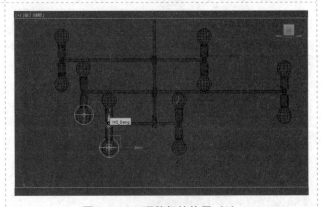

图 7-2-16　调整灯的位置（3）

STEP 17　参考上述复制灯的方法，复制其他灯，如图 7-2-17 所示。

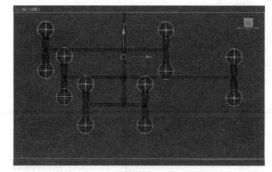

图 7-2-17　复制灯（3）

STEP 18　在【顶】视图中查看灯的位置，如图 7-2-18 所示。

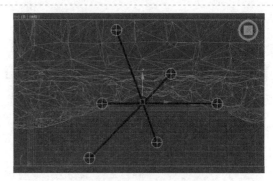

图 7-2-18　查看灯的位置

STEP 19　按【C】键将当前视图切换至【VR 物理摄像机 001】视图，单击工具栏中的【渲染产品】 按钮，查看当前卧室的效果，如图 7-2-19 所示。

图 7-2-19　渲染效果（4）

7.3　补光的设置

STEP 01　单击【创建】→【灯光】 按钮，并在其下拉列表中选择【VRay】选项，在【对象类型】卷展栏中单击【VRayLight】按钮，在【顶】视图中创建一个灯，并命名为【VRayLight015】，如图 7-3-1 所示。

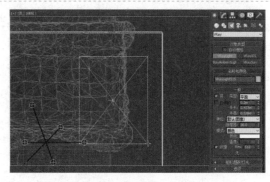

图 7-3-1　创建【VRayLight】灯（1）

STEP 02 按【F】键将当前视图切换至【前】视图，使用【选择并旋转】○工具，将灯沿 Z 轴旋转一定的角度，如图 7-3-2 所示。

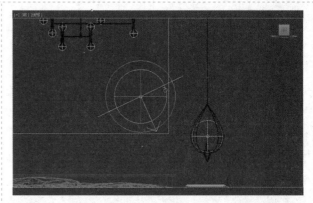

图 7-3-2　旋转灯（1）

STEP 03 进入【修改】面板，在【一般】卷展栏中，设置【倍增器】为【10.0】，单击【颜色】右侧的色块，弹出【颜色选择器：颜色】对话框，设置颜色为淡黄色，如图 7-3-3 所示。

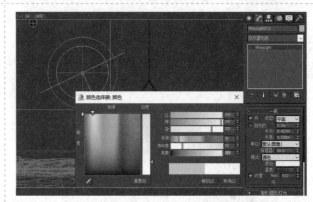

图 7-3-3　设置灯光强度和灯的颜色（1）

STEP 04 展开【选项】卷展栏，勾选【不可见】复选框，取消勾选【影响镜面】和【影响反射】复选框，如图 7-3-4 所示。

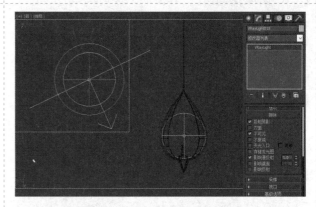

图 7-3-4　设置灯的参数（1）

STEP 05 按【T】键将当前视图切换至【顶】视图，按住【Shift】键并使用【选择并移动】工具，沿 XY 平面复制灯，弹出【克隆选项】对话框，在【对象】栏中选中【实例】单选按钮，单击【确定】按钮，如图 7-3-5 所示。

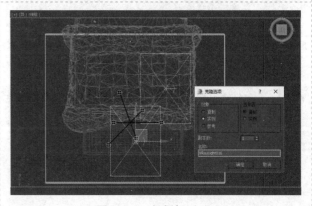

图 7-3-5　复制灯（1）

126

STEP 06　选择复制后的灯，单击【捕捉开关】按钮，在【顶】视图中，使用【选择并旋转】工具，沿 Z 轴将其旋转-90 度，如图 7-3-6 所示。

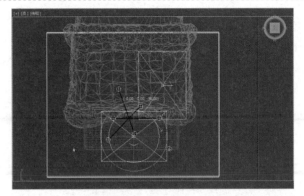

图 7-3-6　旋转灯（2）

STEP 07　按【C】键将当前视图切换至【VR 物理摄像机 001】视图，单击工具栏中的【渲染产品】按钮，查看当前卧室的效果，如图 7-3-7 所示。

图 7-3-7　渲染效果（1）

STEP 08　按【T】键将当前视图切换至【顶】视图，单击【创建】→【灯光】按钮，并在其下拉列表中选择【VRay】选项，在【对象类型】卷展栏中单击【VRayLight】按钮，在【顶】视图中创建一个灯，并命名为【VRayLight017】，如图 7-3-8 所示。

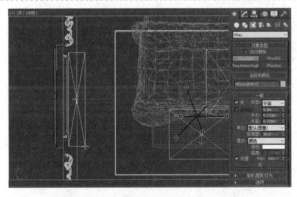

图 7-3-8　创建【VRayLight】灯（2）

STEP 09　按【F】键将当前视图切换至【前】视图，使用【选择并旋转】工具，将灯沿 Z 轴旋转一定的角度，如图 7-3-9 所示。

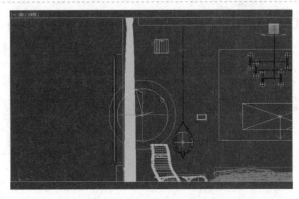

图 7-3-9　旋转灯（3）

STEP 10 按住【Shift】键并使用【选择并移动】✛工具，沿 XY 平面移动灯至视图中的位置，如图 7-3-10 所示。

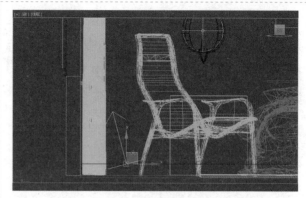

图 7-3-10　调整灯的位置（1）

STEP 11 进入【修改】◢面板，展开【一般】卷展栏，设置【倍增器】为【10.0】，单击【颜色】右侧的色块，弹出【颜色选择器：颜色】对话框，设置颜色为淡蓝色，如图 7-3-11 所示。

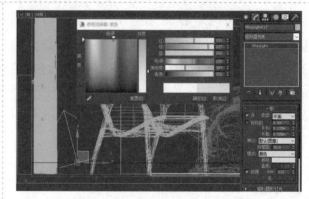

图 7-3-11　设置灯光强度和灯的颜色（2）

STEP 12 展开【选项】卷展栏，勾选【不可见】复选框，取消勾选【影响镜面】和【影响反射】复选框，如图 7-3-12 所示。

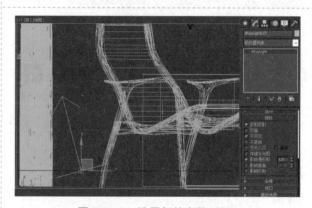

图 7-3-12　设置灯的参数（2）

STEP 13 按【T】键将当前视图切换至【顶】视图，按住【Shift】键并使用【选择并移动】✛工具，沿 XY 平面复制灯，弹出【克隆选项】对话框，在【对象】栏中选中【实例】单选按钮，单击【确定】按钮，如图 7-3-13 所示。

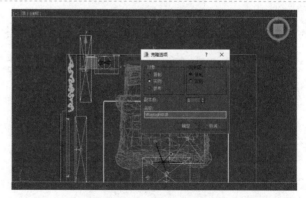

图 7-3-13　复制灯（2）

STEP 14　选择复制后的灯，单击【捕捉开关】🏠按钮，在【顶】视图中，使用【选择并旋转】⟳工具，沿 Z 轴将其旋转-90 度，如图 7-3-14 所示。

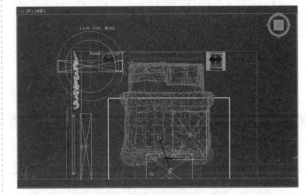

图 7-3-14　旋转灯（4）

STEP 15　按住【Shift】键并使用【选择并移动】✛工具，沿 XY 平面移动灯至视图中的位置，如图 7-3-15 所示。

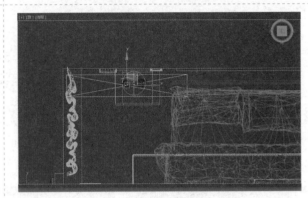

图 7-3-15　调整灯的位置（2）

STEP 16　按住【Shift】键并使用【选择并移动】✛工具，沿 X 轴水平向右复制灯，弹出【克隆选项】对话框，在【对象】栏中选中【实例】单选按钮，单击【确定】按钮，如图 7-3-16 所示。

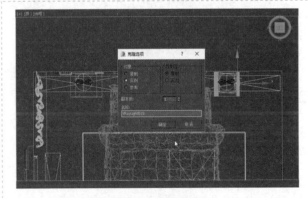

图 7-3-16　复制灯（3）

STEP 17　按【C】键将当前视图切换至【VR 物理摄像机 001】视图，单击工具栏中的【渲染产品】🫖按钮，查看当前卧室的效果，如图 7-3-17 所示。

图 7-3-17　渲染效果（2）

7.4 相关知识

1.【VRayIES】灯的使用

STEP 01 【VRayIES】灯通常用来模拟灯光照到墙面上留下的光斑，根据所使用的灯具的不同，光斑也有所区别，网上有很多光斑素材可以下载，当然【VRayIES】灯也有基本参数，如强度类型、颜色模式等，如图 7-4-1 所示。

图 7-4-1 【VRayIES】灯的基本参数

STEP 02 单击【VRayIES 参数】卷展栏下【IES 文件】右侧的【无】按钮，弹出【打开】对话框，设置文件类型为【所有文件】，找到本项目提供的 IES 材质库，每个 IES 文件都包括一个扩展名为.ies 的文件和一个同名称的可供预览的.jpg 文件，通过.jpg 文件的预览效果选择相应的 IES 文件，如图 7-4-2 所示。

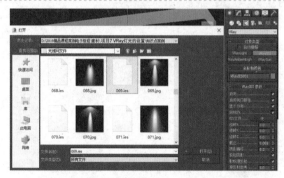

图 7-4-2 选择 IES 文件

STEP 03 取消勾选【VRayIES 参数】卷展栏下的【目标的】复选框，按住【Shift】键并使用【选择并移动】✛工具，复制灯，弹出【克隆选项】对话框，在【对象】栏中选中【实例】单选按钮，单击【确定】按钮，如图 7-4-3 所示。

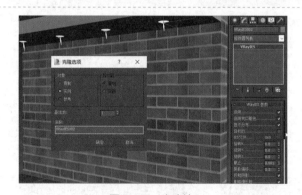

图 7-4-3 复制灯

STEP 04 调节渲染视图，单击工具栏中的【渲染产品】🎬按钮，查看【VRayIES】灯的效果，如图 7-4-4 所示。

图 7-4-4 【VRayIES】灯的效果

2. VRayShadow 阴影设置

STEP 01 VRayShadow 能模拟真实的阴影效果，在场景中创建一个普通的泛光灯并调整高度，进入【修改】面板，在【常规参数】卷展栏中找到【阴影】栏，勾选【启用】复选框，在下拉列表中选择【VRayShadow】选项，单击工具栏中的【渲染产品】 🫖 按钮，查看当前阴影效果，如图 7-4-5 所示。

图 7-4-5　阴影效果

STEP 02 打开【VRayShadows 参数】卷展栏，勾选【区域阴影】复选框，选中【球体】单选按钮，设置【U 大小】、【V 大小】、【W 大小】均为【60.0】，设置【细分】为【30】，单击工具栏中的【渲染产品】 🫖 按钮，查看当前阴影效果，如图 7-4-6 所示。

图 7-4-6　真实的阴影效果

3. 常用视图切换快捷键

STEP 01 在熟练使用 3ds Max 后，要在一个窗口里完成建模操作，需要切换不同的视图，【透视】视图用来展现场景的整体效果，切换的快捷键为【P】，如图 7-4-7 所示。

图 7-4-7　按【P】键切换至【透视】视图

STEP 02 按【F】键将当前视图切换至【前】视图，如图 7-4-8 所示。

图 7-4-8　按【F】键切换至【前】视图

STEP 03 按【T】键将当前视图切换至【顶】视图，如图 7-4-9 所示。

图 7-4-9　按【T】键切换至【顶】视图

STEP 04 按【L】键将当前视图切换至【左】视图，如图 7-4-10 所示。

注：切换视图的快捷键通常是该视图英文单词的第 1 个字母，上述列举的 4 个视图的使用频率非常高。在实际使用中，按【C】键可以快速将当前视图切换至【VR 物理摄像机 001】视图。

图 7-4-10　按【L】键切换至【左】视图

7.5　实战演练

使用 VRay 灯光系统完成如图 7-5-1 所示的室内效果图的制作。

图 7-5-1　室内效果图

 制作要求

（1）选择合适的 VRay 灯。

（2）设置相关参数。

（3）制作白天室内灯光效果。

制作提示

（1）设置环境光。

（2）在室外门口处设置一个【VRayLight】灯，方向朝里。

（3）在室外设置一个泛光灯并开启【VRayShadow】阴影。

（4）在室内设置一个【VRayLight】球体灯，将其放在中间造型灯的位置。

项目评价

项目实训评价表						
项目	内容		评定等级			
	学习目标	评价项目	4	3	2	1
职业能力	使用 VRay 灯光系统	能创建各种 VRay 灯				
		能设置各种灯的参数				
	制作晚上室内灯光效果	能熟练设置环境光				
		能熟练设置主光和补光				
	制作白天室内灯光效果	能熟练设置【VRayLight】灯				
		能熟练设置白天室内灯的参数				
综合评价						

项目 8　摄像机漫游动画的制作

项目描述

　　室内场景的表现有多种形式，可以手绘效果图，也可以使用计算机或沙盘制作仿真三维效果图，这些表现形式都是静态的，如果能用一段动态的摄像机漫游动画表现室内场景，那么效果会更加逼真，使人有身临其境的感觉。本项目的主要动画效果截图如图 8-0-1 所示。

图 8-0-1　本项目的主要动画效果截图

学习目标

- 掌握路径约束动画的制作方法
- 掌握摄像机的调整方法
- 掌握淡出动画的制作方法

项目分析

　　摄像机漫游动画主要通过路径约束来实现，制作的路径是两条光滑的曲线，它们分别用来约束摄像机的起点和目标点；将立方体链接到摄像机的起点，并与起点对齐，立方体始终会跟着摄像机运动，就像现实中在镜头前加了滤色片一样；镜头的淡出动画通过设置立方体的可见性就能实现。本项目主要需要完成以下 3 个环节。

　　① 路径约束动画的制作。

　　② 摄像机的调整。

　　③ 淡出动画的制作。

实现步骤

8.1　路径约束动画的制作

　　STEP 01 打开本项目提供的场景素材，按【Ctrl+A】快捷键选择场景中的所有模型，在【创建】面板中，单击【名称和颜色】卷展栏中的【对象颜色】色块，弹出【对象颜色】对话框，选择灰色，单击【确定】按钮，如图 8-1-1 所示。

　　注：对于已经设置好材质的模型，设置模型颜色只会改变模型线框的颜色。

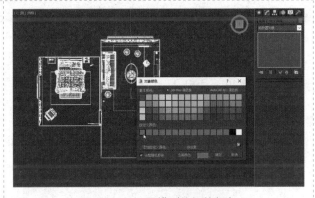

图 8-1-1　设置模型线框的颜色

　　STEP 02 单击【图形】 按钮，在【对象类型】卷展栏中单击【线】按钮，在【创建方法】卷展栏的【初始类型】和【拖动类型】栏中分别选中【平滑】单选按钮，在【顶】视图中自客厅沙发开始至卧室床处结束绘制一条曲线，输入曲线的名称为【动画路径 1】，如图 8-1-2 所示。

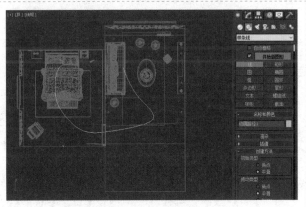

图 8-1-2　绘制【动画路径 1】曲线

STEP 03 进入【修改】 面板，单击【顶点】按钮，进入【顶点】子对象，使用【选择并移动】 工具调整顶点的位置，如图 8-1-3 所示。

注：调整【顶点】子对象是修改曲线的重要方式，可以通过修改顶点的类型、增减顶点的数量、调整顶点的位置等操作来修改曲线。

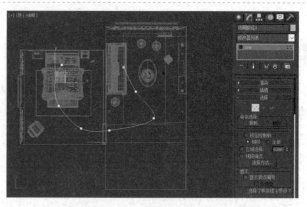

图 8-1-3　调整顶点的位置

STEP 04 曲线有一个起点，起点在视图中显示为黄色，可以通过单击【几何体】卷展栏下的【设为首顶点】按钮将当前曲线的终点设置为起点，如图 8-1-4 所示。

注：起点是物体路径约束动画的开始位置，通过改变起点可以改变动画的播放顺序。

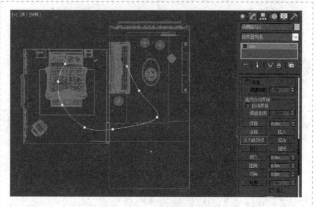

图 8-1-4　设置起点

STEP 05 退出子对象选择，按【W】键切换至【选择并移动】 工具，选择视图中的【动画路径 1】曲线，在下方状态栏的【Z】坐标后面输入【1.2m】，按【Enter】键，如图 8-1-5 所示。

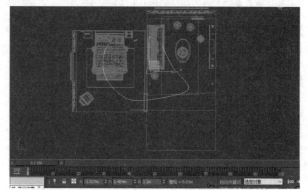

图 8-1-5　设置曲线高度（1）

STEP 06 单击【图形】 按钮，在【对象类型】卷展栏中单击【线】按钮，在【创建方法】卷展栏的【初始类型】和【拖动类型】栏中分别选中【平滑】单选按钮，在【顶】视图中自客厅电视柜开始至卧室椅子处结束绘制另一条曲线，输入曲线的名称为【动画路径 2】，如图 8-1-6 所示。

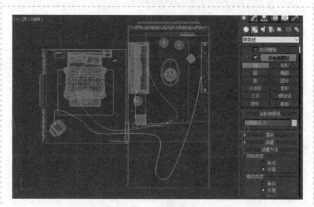

图 8-1-6　绘制【动画路径 2】曲线

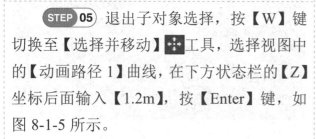

STEP 07 进入【修改】 ✎面板，单击【顶点】按钮，进入【顶点】子对象，选择需要调整的顶点并右击，在弹出的快捷菜单中可以修改顶点的类型，如图 8-1-7 所示，使用【选择并移动】 ✛工具可以改变顶点的位置。

注：顶点一共有 4 种类型，分别为 Bezier 角点、Bezier、角点、平滑，熟练掌握这 4 种类型的顶点的特点和调整方法是绘制各种曲线的前提条件。

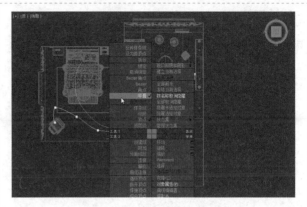

图 8-1-7 修改顶点的类型

STEP 08 选择需要调整的顶点并右击，在弹出的快捷菜单中执行【Bezier】命令，顶点的两边会出现调节柄，通过拖动调节柄可以精确调整该位置曲线的形状，如图 8-1-8 所示。

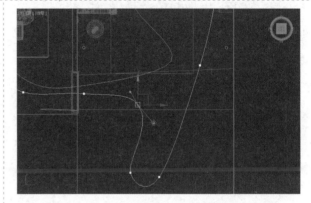

图 8-1-8 【Bezier】顶点调整

STEP 09 退出子对象选择，使用【选择并移动】 ✛工具，选择视图中的【动画路径 2】曲线，在下方状态栏的【Z】坐标后面输入【1.2m】，按【Enter】键，如图 8-1-9 所示。

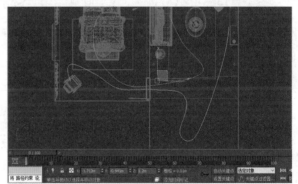

图 8-1-9 设置曲线高度（2）

STEP 10 单击【创建】→【摄像机】按钮，在【对象类型】卷展栏中单击【目标】按钮，在【顶】视图中创建一个目标摄像机，如图 8-1-10 所示。

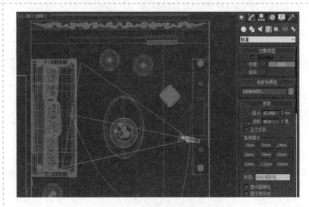

图 8-1-10 创建目标摄像机

137

STEP 11 选择摄像机的起点，执行菜单栏中的【动画】→【约束】→【路径约束】命令，如图 8-1-11 所示。

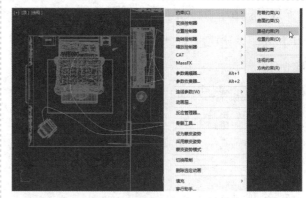

图 8-1-11 执行【路径约束】命令

STEP 12 出现路径选择提示，鼠标指针滑向视图中的【动画路径 1】曲线，如图 8-1-12 所示。

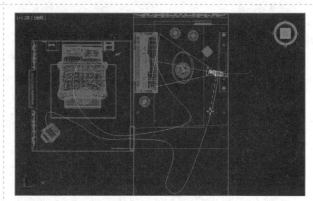

图 8-1-12 选择【动画路径 1】曲线

STEP 13 在第 0 帧和第 100 帧之间移动时间滑块，测试摄像机起点在【动画路径 1】曲线上的动画效果，如图 8-1-13 所示。

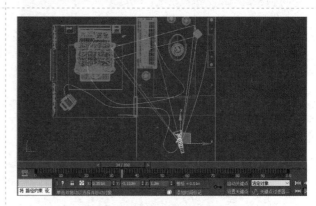

图 8-1-13 测试动画效果（1）

STEP 14 选择摄像机的目标点，执行菜单栏中的【动画】→【约束】→【路径约束】命令，鼠标指针滑向视图中的【动画路径 2】曲线，如图 8-1-14 所示。

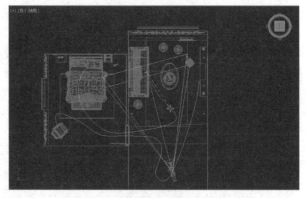

图 8-1-14 选择【动画路径 2】曲线

STEP 15 在第 0 帧和第 100 帧之间移动时间滑块，测试摄像机起点与目标点在【动画路径 1】和【动画路径 2】曲线上的动画效果，如图 8-1-15 所示。

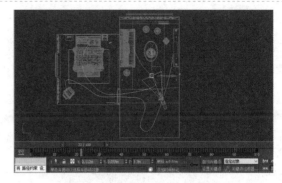

图 8-1-15　测试动画效果（2）

STEP 16 按【C】键将当前视图切换至【Camera001】视图，单击【播放动画】按钮，测试路径约束动画的效果，动画效果截图如图 8-1-16 所示。

图 8-1-16　路径约束动画效果截图

8.2　摄像机的调整

STEP 01 在视图左上方的【明暗处理】按钮上单击，弹出下拉列表，选择【配置】选项，弹出【视口配置】对话框，切换至【布局】选项卡，选择【左右】布局类型，设置左侧视图为【透视】视图，右侧视图为【Camera001】视图，如图 8-2-1 所示，单击【确定】按钮。

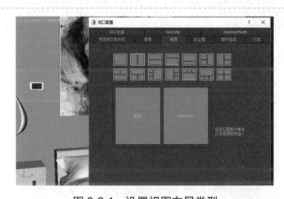

图 8-2-1　设置视图布局类型

STEP 02 拖曳两个视图中间的分割线，调整视图的大小，单击右侧视图左上方的【Camera001】按钮，弹出下拉列表，选择【显示安全框】选项，参数设置如图 8-2-2 所示。

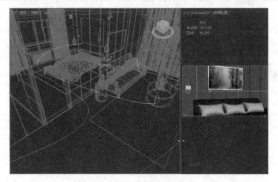

图 8-2-2　参数设置（1）

STEP 03 选择【动画路径 1】曲线，使用【选择并移动】✛工具沿 Z 轴上下移动曲线的位置，注意观察右侧【Camera001】视图的变化，如图 8-2-3 所示。

注：因为摄像机的起点已经被约束到【动画路径 1】曲线上了，所以【动画路径 1】曲线位置的变化将影响摄像机起点的位置。

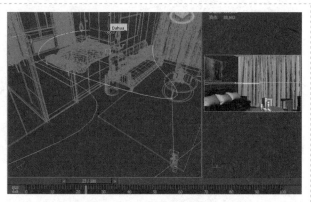

图 8-2-3　调整路径高度

STEP 04 进入【修改】◐面板，单击【顶点】按钮，进入【顶点】子对象，选择摄像机目标点所在位置的顶点，使用【选择并移动】✛工具调整顶点，注意观察右侧【Camera001】视图的变化，调整后退出子对象选择，如图 8-2-4 所示。

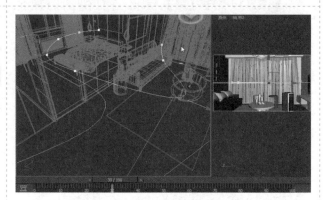

图 8-2-4　调整【顶点】子对象

STEP 05 选择【动画路径 2】曲线，使用同样的方法，调整【动画路径 2】曲线上顶点的位置，将视图调整到最佳的构图效果，如图 8-2-5 所示。

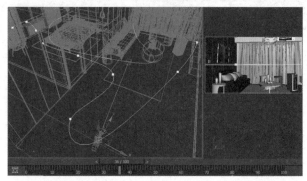

图 8-2-5　调整【动画路径 2】曲线上顶点的位置

STEP 06 单击工具栏中的【按名称选择】▤按钮，弹出【从场景选择】对话框，依次单击对话框中的【不显示】□和【显示摄像机】▤按钮，选择【Camera001】选项，单击【确定】按钮，如图 8-2-6 所示。

图 8-2-6　选择摄像机

STEP 07　切换至【Camera001】视图，按【Alt+W】快捷键，最大化显示视图，进入【修改】面板，在【参数】卷展栏中设置【视野】为【75.0】，如图 8-2-7 所示。

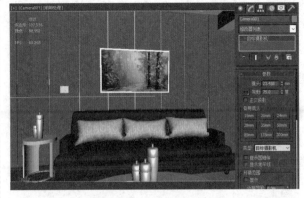

图 8-2-7　设置参数（2）

STEP 08　在工具栏中单击【时间配置】按钮，弹出【时间配置】对话框，在【动画】栏中单击【重缩放时间】按钮，弹出【重缩放时间】对话框，设置【长度】为【450】，单击【确定】按钮，如图 8-2-8 所示。

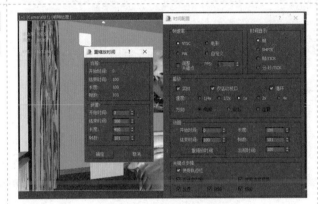

图 8-2-8　时间配置

STEP 09　单击【显示】按钮，进入【显示】面板，在【按类别隐藏】卷展栏中勾选【图形】复选框，如图 8-2-9 所示。

注：常用的隐藏快捷键包括【Shift+S】（隐藏图形）、【Shift+C】（隐藏摄像机）、【Shift+L】（隐藏灯光）。

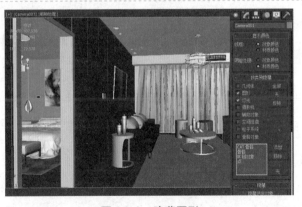

图 8-2-9　隐藏图形

STEP 10　单击【播放动画】按钮，测试制作完成的摄像机动画效果，其效果截图如图 8-2-10 所示。

图 8-2-10　摄像机动画效果截图

8.3 淡出动画的制作

STEP 01 选择客厅屋顶模型并右击，弹出快捷菜单，执行【对象属性】命令，弹出【对象属性】对话框，在【显示属性】栏中勾选【背面消隐】复选框，单击【确定】按钮，如图 8-3-1 所示。

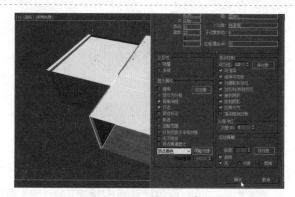

图 8-3-1　设置对象属性（1）

STEP 02 选择卧室屋顶模型并右击，弹出快捷菜单，执行【对象属性】命令，弹出【对象属性】对话框，在【显示属性】栏中勾选【背面消隐】复选框，单击【确定】按钮，如图 8-3-2 所示。

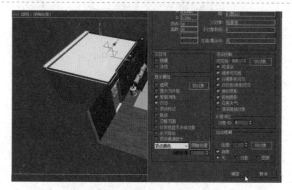

图 8-3-2　设置对象属性（2）

STEP 03 单击【创建】→【几何体】按钮，在【对象类型】卷展栏中单击【长方体】按钮，在【创建方法】卷展栏中选中【立方体】单选按钮，在【透视】视图中创建一个立方体并设置参数，如图 8-3-3 所示。

图 8-3-3　创建立方体并设置参数

STEP 04 右击立方体，在弹出的快捷菜单中执行【转换为】→【转换为可编辑多边形】命令，如图 8-3-4 所示。

图 8-3-4　转换为可编辑多边形

STEP 05　再次右击立方体，在弹出的快捷菜单中执行【对象属性】命令，弹出【对象属性】对话框，在【显示属性】栏中勾选【背面消隐】复选框，单击【确定】按钮，如图 8-3-5 所示。

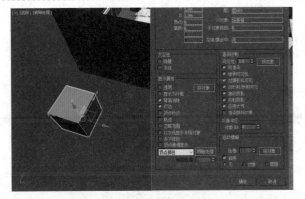

图 8-3-5　设置对象属性（3）

STEP 06　进入【修改】面板，单击【元素】按钮或按【5】键，进入【元素】子对象，右击立方体，在弹出的快捷菜单中执行【翻转法线】命令，如图 8-3-6 所示，再次单击【元素】按钮退出子对象选择。

图 8-3-6　执行【翻转法线】命令

STEP 07　选择立方体，移动时间滑块至第 0 帧的位置，单击工具栏中的【快速对齐】按钮，选择摄像机的起点，使立方体对齐摄像机的起点，如图 8-3-7 所示。

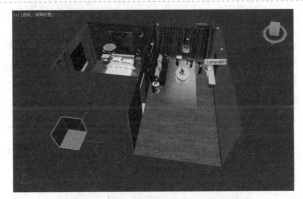

图 8-3-7　使立方体对齐摄像机的起点

STEP 08　使用【选择并旋转】工具，在【顶】视图中沿 Z 轴旋转立方体，使立体与摄像机方向垂直，如图 8-3-8 所示。

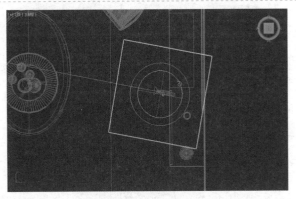

图 8-3-8　旋转立方体

STEP 09 切换至【前】视图，使用【选择并移动】 ⊕ 工具，沿 Y 轴垂直移动立方体，使立方体中心位于摄像机起点位置，如图 8-3-9 所示。

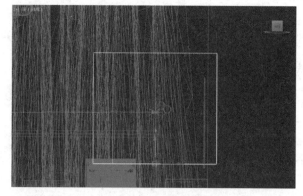

图 8-3-9　移动立方体

STEP 10 单击【最大化视图切换】 ↖ 按钮，切换至双视图显示，左侧显示【透视】视图，右侧显示【Camera001】视图，如图 8-3-10 所示。

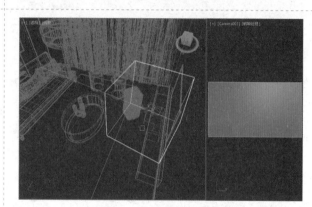

图 8-3-10　双视图显示

STEP 11 单击工具栏中的【材质编辑器】 ▣ 按钮，打开【材质编辑器】窗口，选择一个新的材质球，在【Blinn 基本参数】卷展栏中，单击【漫反射】右侧的色块，在弹出的【颜色选择器：漫反射颜色】对话框中设置颜色为黑色，单击【确定】按钮，单击【将材质指定给选定对象】 ▣ 按钮将材质指定给立方体，如图 8-3-11 所示。

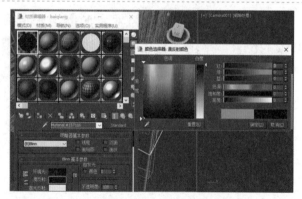

图 8-3-11　设置漫反射颜色并将材质指定给立方体

STEP 12 在【自发光】栏的数值调节框中输入【100】，如图 8-3-12 所示。

注：设置材质自发光为【100】的模型不受场景中灯光的影响。

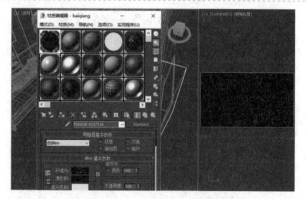

图 8-3-12　设置自发光参数

STEP 13 选择立方体，使用【选择并链接】🔗工具将立方体链接到摄像机的起点上，如图 8-3-13 所示。

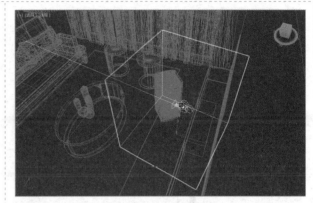

图 8-3-13　链接

STEP 14 调整左侧视图的视角，移动时间滑块，观察右侧【Camera001】视图的效果，可看到右侧视图始终是黑屏效果，如图 8-3-14 所示。

注：立方体链接到摄像机的起点后，立方体跟着摄像机一起运动，相当于在摄像机前面蒙上了一块黑色的布，整个动画过程就是黑屏效果了。

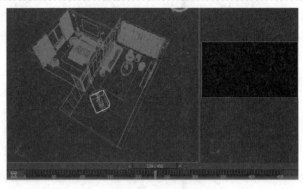

图 8-3-14　测试

STEP 15 单击 自动关键点 按钮，移动时间滑块至第 25 帧的位置并右击，在弹出的快捷菜单中执行【对象属性】命令，弹出【对象属性】对话框，在【渲染控制】栏中设置【可见性】为【0.0】，如图 8-3-15 所示。

图 8-3-15　设置可见性

STEP 16 切换至【Camera001】视图，单击【最大化视图切换】🔲按钮，将视图最大化显示，选择第 0 帧处的关键帧，如图 8-3-16 所示。

图 8-3-16　选择关键帧

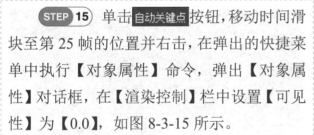

STEP 17 移动关键帧至第 450 帧的位置，如图 8-3-17 所示。

图 8-3-17 移动关键帧（1）

STEP 18 选择第 25 帧处的关键帧，并将其移动至第 430 帧的位置，如图 8-3-18 所示。

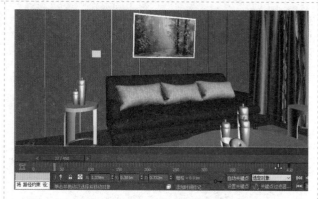

图 8-3-18 移动关键帧（2）

STEP 19 在第 430 帧和第 450 帧之间移动时间滑块，测试淡出动画的效果，其效果图截图如图 8-3-19 所示。

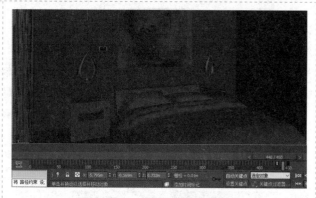

图 8-3-19 淡出动画的效果截图

STEP 20 单击工具栏中的【渲染设置】![]按钮，弹出【渲染设置】窗口，切换至【公用】选项卡，展开【公用参数】卷展栏，在【时间输出】栏中选中【活动时间段：0 到 450】单选按钮；在【输出大小】栏中设置【宽度】为【1920】，【高度】为【1080】，如图 8-3-20 所示。

图 8-3-20 渲染设置

STEP 21 在【渲染设置】窗口中，单击【渲染输出】栏中的【文件】按钮，弹出【渲染输出文件】对话框，选择文件保存路径，输入文件名，选择文件保存类型为【AVI 文件（*.avi）】，单击【保存】按钮，如图 8-3-21 所示。

图 8-3-21　设置渲染输出文件

STEP 22 弹出【AVI 文件压缩设置】对话框，选择【MJPEG Compressor】压缩器，设置【质量】为【100】，单击【确定】按钮，如图 8-3-22 所示。

图 8-3-22　设置压缩格式

STEP 23 单击【渲染设置】窗口中的【渲染】按钮，对动画进行最后的渲染输出，如图 8-3-23 所示。

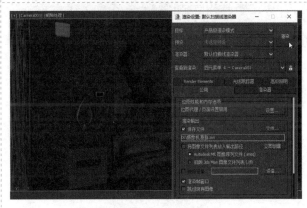

图 8-3-23　渲染输出

8.4　相关知识

路径约束可以使模型沿图形移动，常用来制作汽车、火车沿线行驶，飞机、蝴蝶沿线飞行等动画效果。下面以汽车沿起伏路面行驶的动画效果为例来强化该知识点。

1）路径约束动画的制作过程

选择汽车模型，执行菜单栏中的【动画】→【约束】→【路径约束】命令，选择视图中的路径图形，如图 8-4-1 所示。

注：制作路径约束动画不需要开启【自动关键点】按钮（用于自动记录动画）。

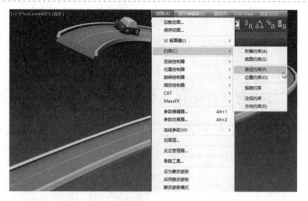

图 8-4-1　路径约束动画的制作过程

2）设置跟随和倾斜

设置好路径约束动画后，会自动进入【运动】面板，在【路径选项】栏中勾选【跟随】和【倾斜】两个复选框，如图 8-4-2 所示。

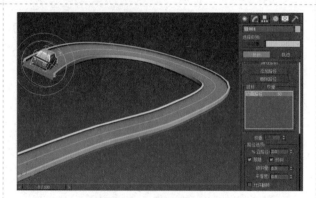

图 8-4-2　设置跟随和倾斜

3）调整汽车朝向为路径的切线方向

使用【选择和旋转】工具调整汽车在【顶】视图中的状态，使汽车朝向和路径的切线方向一致，如图 8-4-3 所示。

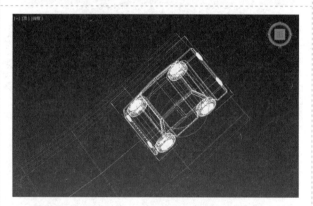

图 8-4-3　调整汽车朝向为路径的切线方向

4）调整汽车的倾斜方向

调整汽车在马路上的倾斜方向，即调整切线方向和倾斜后的汽车，在播放动画后，汽车能沿马路的曲线和倾斜方向自动改变姿势，如图 8-4-4 所示。

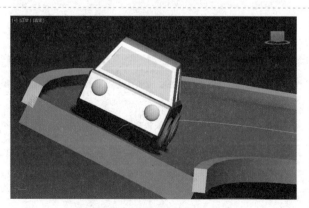

图 8-4-4　调整汽车的倾斜方向

5）修正关键帧姿势

开启【自动关键点】按钮，在不同时间段分别修正路径的切线方向和汽车的倾斜状态，如图 8-4-5 所示。

播放动画，测试制作完成的路径约束动画效果。

图 8-4-5 修正关键帧姿势

8.5 实战演练

制作一架飞机沿起伏的山峰飞行的动画效果，首先飞机平行起飞，然后进行一个爬行，往上飞翔，最后俯冲下来，沿着起伏的山峰完成几次类似的爬行和俯冲动作。动画效果截图参考如图 8-5-1 所示。

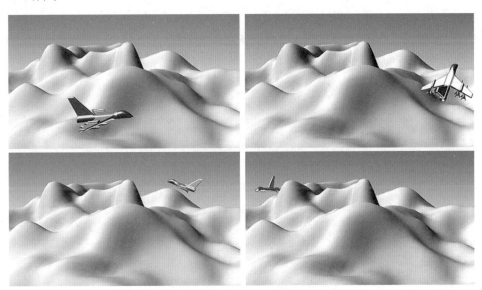

图 8-5-1 动画效果截图参考

 制作要求

（1）动画节奏合理。

（2）动画效果表达准确。

（3）使用本项目所学的技能完成动画效果制作。

制作提示

（1）使用路径约束制作飞机沿一条路径飞行的动画。

（2）通过调整路径约束动画的跟随参数实现飞机沿路径爬行和俯冲的效果。

（3）本项目提供的动画素材中包含相关模型和动画路径。

（4）参考动画路径自行制作不同的飞行效果。

项目评价

项目实训评价表						
项目	内容		评定等级			
	学习目标	评价项目	4	3	2	1
职业能力	制作路径约束动画	能正确制作路径约束动画				
		能设置路径约束动画的各项参数				
	制作动画路径	能绘制平滑的动画路径				
		能通过调整动画路径改变镜头效果				
	制作淡出动画	能设置长方体的各项参数				
		能正确制作淡出动画				
综合评价						

项目 9　Unity 动效的制作

项目描述

　　健康良好的居住空间除了需要优质的室内装修与家具，还需要有一个舒适的环境。室内供热系统与空气净化器可以调节环境温度与空气质量，让我们享受四季如春的清新居家生活。本项目将为室内环境添加动态演示动画，项目效果截图如图 9-0-1 所示。

图 9-0-1　项目效果截图

学习目标

- 掌握 Unity 软件中导入素材的方法
- 学习 Unity 软件中创建对象的方法
- 学习动态贴图的绘制方法
- 学习动画播放效果的参数调整方法

本项目主要在 Unity 虚拟现实软件中模拟水流循环及空气流动的动画效果。利用合理的模型结构布局，在模型表面播放纹理贴图动画，模拟场景所需的动态效果；通过绘制带有透明通道的序列帧纹理贴图并循环播放形成动画；适当调整参数控制动画播放的细节表现，使视觉效果更加逼真，具有说服力。本项目主要需要完成以下两个环节。

① 水流循环效果的制作。

② 空气流动效果的制作。

实现步骤

9.1 水流循环效果的制作

STEP 01 运行 Unity 2017.1.1f1，在界面左上方【File】下拉菜单中执行【Open Scene】命令，弹出【Load Scene】对话框，找到本项目提供的卧室场景素材。双击【Project】面板中【Scene】文件夹下的场景素材【9】，激活卧室场景。选择【Hierarchy】面板中【WS 1】文件夹下的【Camera】对象，在界面左上方【GameObject】下拉菜单中执行【Align View to Selected】命令，切换到摄像机视角，如图 9-1-1 所示。

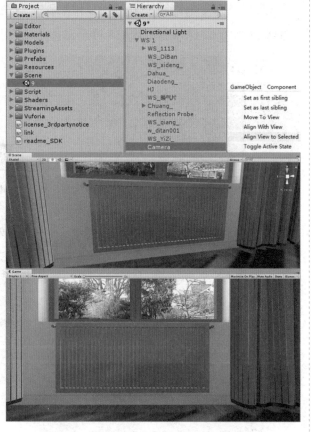

图 9-1-1　打开场景文件并切换到摄像机视角

STEP 02 在【Hierarchy】面板上右击，在弹出的快捷菜单中执行【3D Object】→【Plane】命令，在【Scene】窗口中创建一个平面，如图 9-1-2 所示。

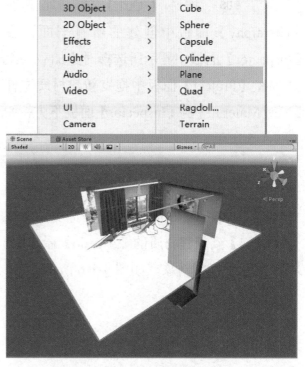

图 9-1-2　创建平面

STEP 03 重复上述操作，创建多个平面，分别调整它们的大小与位置，最终摆放效果如图 9-1-3 所示。

图 9-1-3　动态贴图对象摆放效果

STEP 04 在【Project】面板上右击，在弹出的快捷菜单中执行【Create】→【Material】命令，创建新材质，如图 9-1-4 所示。

图 9-1-4　创建新材质

STEP 05 按住【Ctrl】键，加选在【Hierarchy】面板中创建的所有平面，在【Inspector】面板中显示所选择对象加载的组件。在【Project】面板中拖曳新建材质文件【New Material】到【Inspector】面板下方，如图 9-1-5 所示。

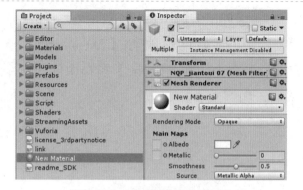

图 9-1-5　将新建材质赋予平面

STEP 06 在【Project】面板中拖曳贴图文件【01x4】到新建材质的【Albedo】通道中，将贴图赋予模型对象，如图 9-1-6 所示。

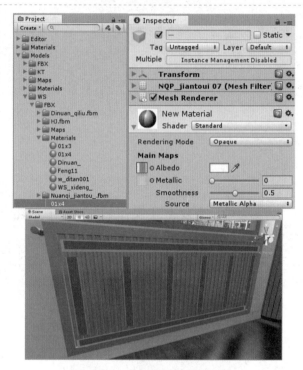

图 9-1-6　将贴图赋予模型对象

STEP 07 单击【Inspector】面板材质组件中的【Shader】下拉按钮，在弹出的下拉列表中选择【Unlit/Transparent Alpha】选项，使贴图呈现箭头图案，如图 9-1-7 所示。

图 9-1-7　使贴图呈现箭头图案

STEP 08 在【Project】面板中将脚本文件【UVAnimation】拖曳到【Inspector】面板下方，为对象添加脚本功能，如图 9-1-8 所示。

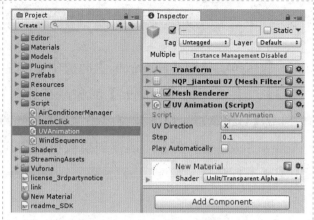

图 9-1-8　为对象添加脚本功能

STEP 09 单击【Inspector】面板的【UV Animation】组件中的【UV Direction】下拉按钮，在弹出的下拉列表中选择【Y】选项，将贴图运动方向调整为 Y 轴方向，如图 9-1-9 所示。

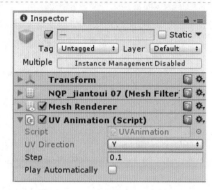

图 9-1-9　调整贴图运动方向

STEP 10 设置【Inspector】面板的【UV Animation】组件中的【Step】参数，调整动画的播放速度，并勾选【Play Automatically】复选框，使动画自动播放，如图 9-1-10 所示。

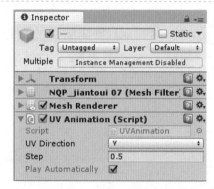

图 9-1-10　调整动画播放速度并使动画自动播放

STEP 11 单击菜单栏下方中部的【播放】▶按钮，检查动画最终播放效果，其效果截图如图 9-1-11 所示。

图 9-1-11　动画最终播放效果截图

9.2 空气流动效果的制作

STEP 01 选择【Hierarchy】面板中【KT-1213】文件夹下的【Camera】对象，在界面左上方【GameObject】下拉菜单中执行【Align View to Selected】命令，切换到摄像机视角，如图 9-2-1 所示。

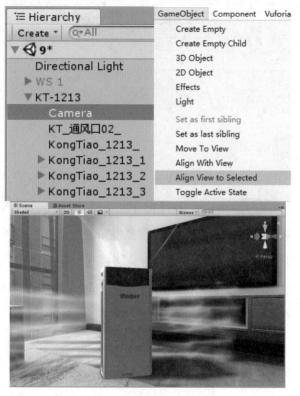

图 9-2-1　切换到摄像机视角

STEP 02 参照 9.1 节案例中的操作方法，在场景中创建多个不同方向、不同角度的平面，覆盖空气流动区域，如图 9-2-2 所示。

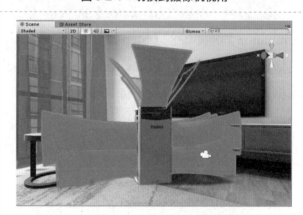

图 9-2-2　创建多个平面

STEP 03 打开 Photoshop 软件，使用【笔刷工具】绘制具有空气流动效果的纹理贴图，另存为带有透明通道的【PNG】格式，如图 9-2-3 所示。

图 9-2-3　绘制具有空气流动效果的纹理贴图

STEP 04　重复第 3 步，总共绘制 20 张连续的序列帧图像，并将其放入同一个文件夹中，制作序列帧动画，如图 9-2-4 所示。拖曳序列帧文件夹到【Project】面板中，将素材导入工程文件中。

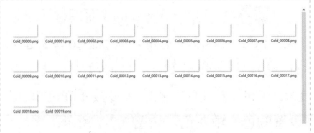

图 9-2-4　制作序列帧动画

STEP 05　在【Project】面板上右击，在弹出的快捷菜单中执行【Create】→【Material】命令，创建新材质。按住【Ctrl】键，加选在【Hierarchy】面板中创建的所有平面。在【Project】面板中拖曳新建材质文件【New Material】到【Inspector】面板下方，如图 9-2-5 所示。

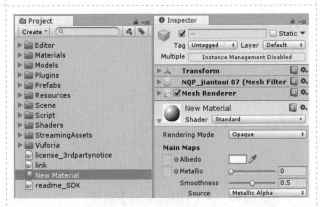

图 9-2-5　将新建材质赋予平面

STEP 06　在【Project】面板中拖曳在第 3 步中绘制的具有空气流动效果的纹理贴图到新建材质的【Albedo】通道中；单击【Inspector】面板材质组件中的【Rendering Mode】下拉按钮，在弹出的下拉列表中选择【Fade】选项，使贴图呈现空气流动纹理效果，如图 9-2-6 所示。

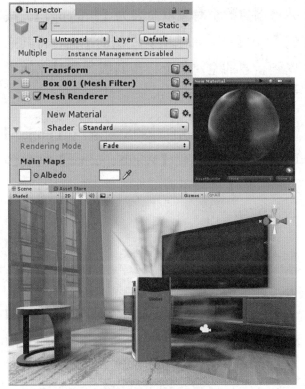

图 9-2-6　添加纹理贴图

STEP 07 勾选【Inspector】面板材质组件中的【Emission】复选框，单击【Color】选项右侧的色块，弹出【HDR Color】对话框，在【Hex Color】选项右侧输入参数【6F6F6F】，设置颜色为中灰色，如图 9-2-7 所示。

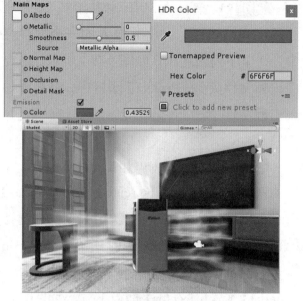

图 9-2-7　调整空气流动效果

STEP 08 在【Hierarchy】面板上右击，在弹出的快捷菜单中执行【Create Empty】命令，并将创建的空对象重命名为【JinFeng1】。按住【Ctrl】键，加选所有左侧的平面，将其拖曳到新建的空对象上，使其成为空对象的子对象，如图 9-2-8 所示。

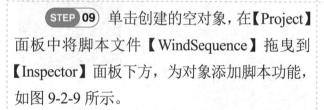

图 9-2-8　创建空对象及其子对象

STEP 09 单击创建的空对象，在【Project】面板中将脚本文件【WindSequence】拖曳到【Inspector】面板下方，为对象添加脚本功能，如图 9-2-9 所示。

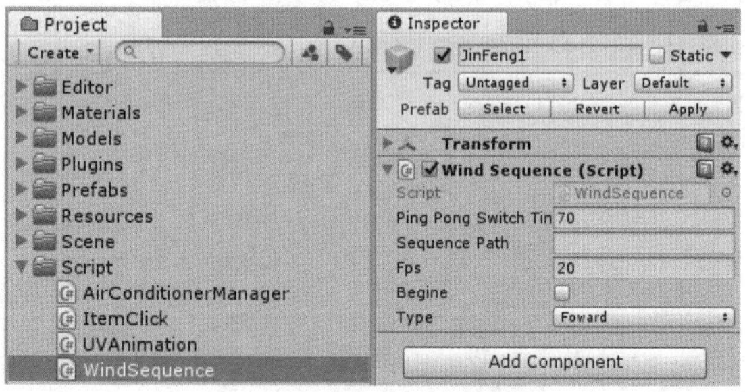

图 9-2-9　为对象添加脚本功能

STEP 10 在【Inspector】面板的【Wind Sequence】组件的【Sequence Path】选项右侧正确输入序列帧贴图的文件夹名称，指定序列帧动画的播放路径，使其可以正常播放；设置【Ping Pong Switch Time】参数，调整循环切换的时间间隔；设置【Fps】参数，调整动画的帧数；勾选【Begine】复选框，使动画自动播放，如图 9-2-10 所示。

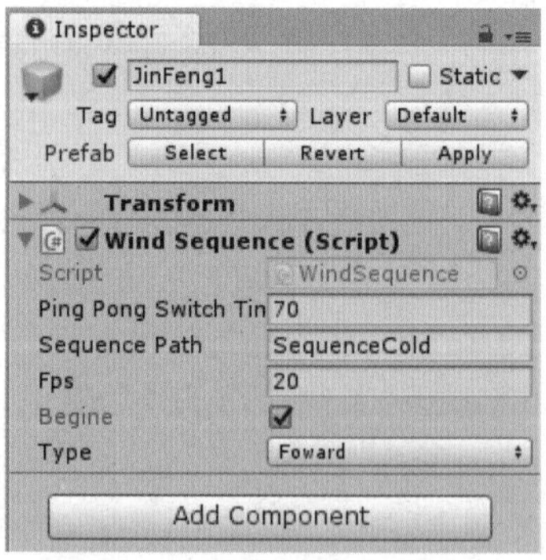

图 9-2-10　设置动画播放参数

STEP **11**　重复以上步骤，完成右侧与顶部空气流动动画效果的设置。分别选择左、右两侧的空气流动动画对象，单击【Inspector】面板的【Wind Sequence】组件中的【Type】下拉按钮，在弹出的下拉列表中选择【Forward】选项，使空气朝向空气净化器流动；选择顶部的空气流动动画对象，单击【Type】下拉按钮，在弹出的下拉列表中选择【Reverse】选项，使空气向上流动，如图 9-2-11 所示。

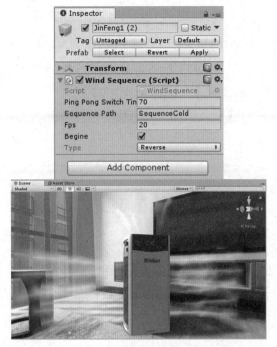

图 9-2-11　调整空气流动方向

9.3　相关知识

UV 动画是虚拟现实作品中经常使用的一种制作技巧，可以通过较少的资源占用来实现如火焰、流水等常见的动态效果。在游戏中，一些动态水面、飞流直下的瀑布、流动的岩浆、跳动的火焰等动画效果都是通过操作 UV 来制作的。

（1）UV 动画是指贴图在法线方向上的运动。我们可以通过控制贴图的运动方向，获得不同的动画效果，如图 9-3-1 所示。

图 9-3-1　控制贴图的运动方向

（2）通过改变步数的大小，可以控制动画的播放速度，如图 9-3-2 所示。

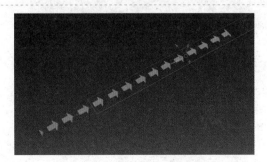

图 9-3-2　控制动画的播放速度

（3）PNG 格式是在制作 UV 动画时常用的一种图像格式。PNG 格式带有透明通道，能显示出贴图的透明背景，使 UV 动画与周围环境相融合，如图 9-3-3 所示。

图 9-3-3　带有透明通道的贴图效果

（4）我们可以使用 Photoshop 软件绘制所需的纹理贴图，并将背景图层删除变成灰白网格的透明状态，保存为 PNG 格式，如图 9-3-4 所示。

图 9-3-4　绘制带有透明背景的纹理贴图

（5）重复绘制多张类似的连续的透明贴图，制作可以连续播放的序列帧动画，如图 9-3-5 所示。

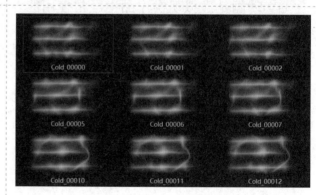

图 9-3-5　制作序列帧动画

9.4　实战演练

　　虚拟现实作品中的火焰是一种常用的特效。篝火堆、烛光甚至爆炸、发射效果等都与火焰效果的表现有着紧密的关系。下面尝试利用 UV 动画制作火焰特效，如图 9-4-1 所示。

图 9-4-1　火焰特效

 制作要求

（1）模型建立准确，技巧熟练。

（2）使用本项目所学的技能完成动画效果的制作。

（3）火焰动画连贯、逼真，符合火焰常规运动规律。

制作提示

（1）使用多边形建模制作火盆模型。

（2）绘制带有透明背景的序列帧图像来模拟火焰燃烧的效果。

（3）通过修改参数调整火焰动画的实际播放效果。

（4）制作多个平面，调整大小和位置，丰富火焰视觉表现。

项目评价

项目实训评价表						
项目	内容		评定等级			
	学习目标	评价项目	4	3	2	1
职业能力	绘制 UV 动画所需序列帧图像	能正确绘制连续的图像素材				
		能生成带有透明背景的图像格式				
	通过参数调整优化动画效果	能控制动态贴图的运动方向				
		能控制动画的播放速度				
	利用素材丰富动画的画面表现	能根据需求调整现有模型				
		能通过素材合成模拟真实场景				
综合评价						

项目 10　Unity 热区交互

项 目 描 述

　　在利用虚拟现实技术表现作品时，通常需要制作一些交互功能来对场景内的可动内容进行控制，以此来加强用户的参与感，使其更容易沉浸在作品营造的环境中。我们不仅需要设定与场景主题相关的动画内容，还需要通过编写脚本来实现对动画效果的播放控制与细节调整。本项目将为室内环境添加按钮热区交互，项目效果如图 10-0-1 所示。

图 10-0-1　项目效果

学 习 目 标

- 了解粒子动画的制作方法
- 掌握交互对象碰撞检测范围的调整方法
- 学习热区交互关联技巧
- 学习动画播放效果的参数调整方法

项目分析

本项目主要在 Unity 软件中实现通过单击热区激活或者关闭关联动画对象的功能。通过制作热区对象并合理控制碰撞检测范围，增加可单击的空间；通过编写脚本设置热区与交互对象之间的关联功能，以及交互动画的播放细节效果。本项目主要需要完成以下两个环节。

① 水管流水热区交互。

② 热水器开关热区交互。

实现步骤

10.1　水管流水热区交互

STEP 01 运行 Unity 2017.1.1f1，在界面左上方的【File】下拉菜单中执行【Open Scene】命令，弹出【Load Scene】对话框，找到本项目提供的厨房场景素材。选择【Hierarchy】面板中的【Camera】对象，在【GameObject】下拉菜单中执行【Align View to Selected】命令，切换到摄像机视角，如图 10-1-1 所示。

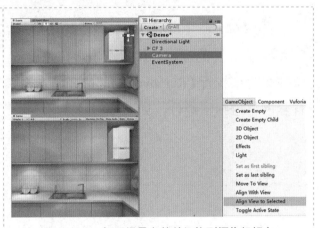

图 10-1-1　打开场景文件并切换到摄像机视角

STEP 02 在【Hierarchy】面板上右击，在弹出的快捷菜单中执行【3D Object】→【Plane】命令，在【Scene】窗口中创建一个平面，如图 10-1-2 所示。

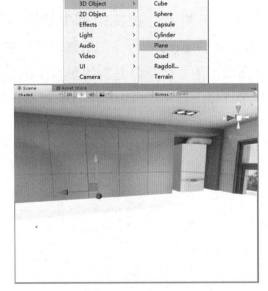

图 10-1-2　创建平面

STEP 03 分别设置【Inspector】面板的【Transform】组件中的【Position】【Rotation】【Scale】参数，调整平面的大小与位置，如图 10-1-3 所示。

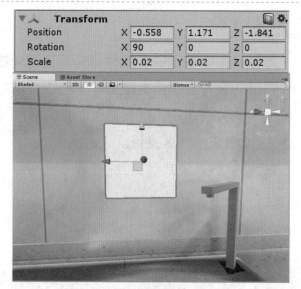

图 10-1-3　调整平面的大小与位置

STEP 04 在【Inspector】面板的【Mesh Collider】组件的标题栏位置右击，在弹出的快捷菜单中执行【Remove Component】命令，移除网格碰撞器组件，如图 10-1-4 所示。

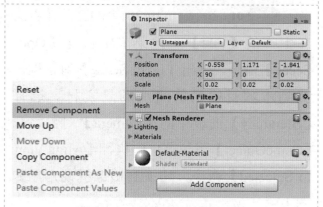

图 10-1-4　移除网格碰撞器组件

STEP 05 右击在【Hierarchy】面板中创建的平面，在弹出的快捷菜单中依次执行【Copy】和【Paste】命令，在相同位置复制一个同样大小的平面。将复制的新平面拖曳到原先的平面上，使其成为它的子对象，如图 10-1-5 所示。

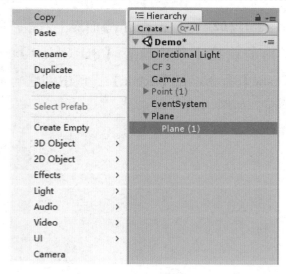

图 10-1-5　复制平面子对象

STEP 06 单击最开始创建的平面，单击【Inspector】面板中的【Add Component】按钮，在弹出的下拉列表中选择【Physics】→【Box Collider】选项，为平面添加盒状碰撞器组件，如图 10-1-6 所示。

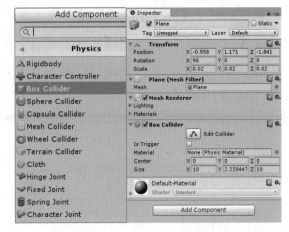

图 10-1-6　添加盒状碰撞器组件

STEP 07 设置【Box Collider】组件中的【Size】参数，使碰撞检测范围大于平面；取消勾选【Mesh Renderer】组件，使平面不渲染显示，如图 10-1-7 所示。

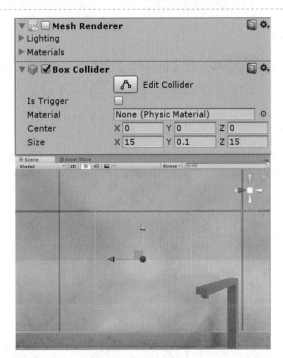

图 10-1-7　设置碰撞检测范围并使平面不渲染显示

STEP 08 将【Project】面板中的脚本文件【WaterClick】拖曳到【Inspector】面板下方，为对象添加脚本功能，如图 10-1-8 所示。

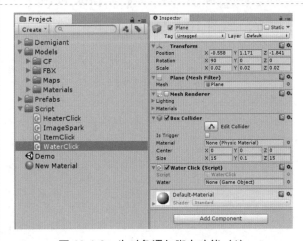

图 10-1-8　为对象添加脚本功能（1）

165

STEP 09 将【Hierarchy】面板中的水流动画对象【Shui_MY】拖曳到【Water Click】组件的【Water】通道中，生成单击触发关联，如图 10-1-9 所示。

图 10-1-9 关联水流动画

STEP 10 在【Project】面板上右击，在弹出的快捷菜单中执行【Create】→【Material】命令，创建新材质，如图 10-1-10 所示。

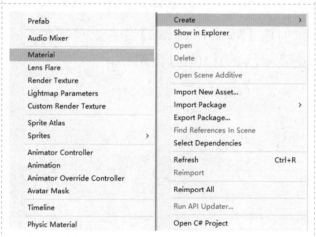

图 10-1-10 创建新材质

STEP 11 单击【Hierarchy】面板中的平面子对象，将【Project】面板中的新建材质文件【New Material】拖曳到【Inspector】面板下方，如图 10-1-11 所示。

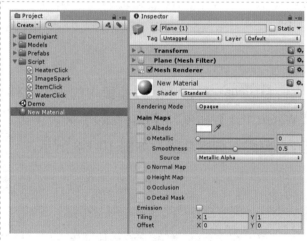

图 10-1-11 将新建材质赋予对象

STEP 12 单击【Inspector】面板材质组件中的【Shader】下拉按钮，在弹出的下拉列表中选择【Unlit/Transparent】选项，修改材质球类型。将【Project】面板中的贴图文件【redian】拖曳到材质组件的贴图通道中，如图 10-1-12 所示。

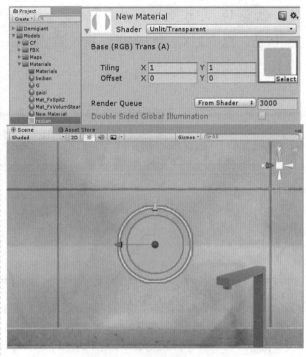

图 10-1-12　将贴图赋予模型对象

STEP 13 将【Project】面板中的脚本文件【ImageSpark】拖曳到【Inspector】面板下方，为对象添加脚本功能，如图 10-1-13 所示。

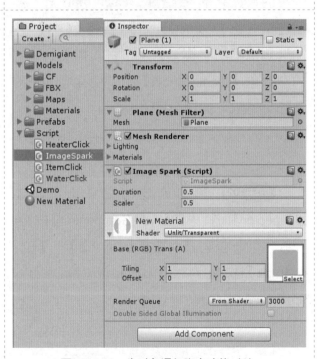

图 10-1-13　为对象添加脚本功能（2）

STEP 14 通过设置【Duration】参数，调整动画的持续时间，设置【Scaler】参数，调整动画的缩放幅度，如图 10-1-14 所示。

图 10-1-14　设置动画播放参数

STEP 15 单击菜单栏下方中部的【播放】
▶按钮，查看最终完成效果，其效果截图如
图 10-1-15 所示。

图 10-1-15　最终完成效果截图

10.2　热水器开关热区交互

STEP 01 在【Hierarchy】面板上右击，在
弹出的快捷菜单中执行【Create Empty】命令，
创建空对象【GameObject】。按住【Ctrl】键，
加选热水器所有模型对象，将其拖曳到新建
的空对象【GameObject】上，使其成为空对
象的子对象，如图 10-2-1 所示。

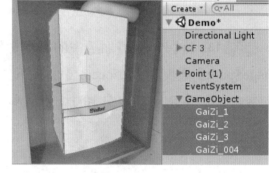

图 10-2-1　创建空对象及其子对象

STEP 02 单击创建的空对象，单击
【Inspector】面板中的【Add Component】按钮，
在弹出的下拉列表中选择【Physics】→【Box
Collider】选项，为对象添加盒状碰撞器组件，
如图 10-2-2 所示。

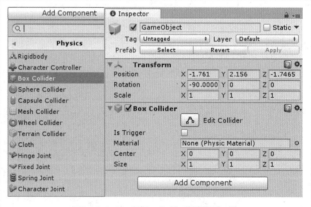

图 10-2-2　添加盒状碰撞器组件

STEP 03 单击【Box Collider】组件中的【Edit Collider】按钮，调整盒状碰撞器的大小与位置，使碰撞检测范围大于热水器模型，如图 10-2-3 所示。

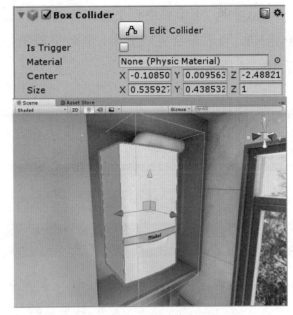

图 10-2-3 设置碰撞检测范围

STEP 04 将【Project】面板中的脚本文件【HeaterClick】拖曳到【Inspector】面板下方，为对象添加脚本功能，如图 10-2-4 所示。

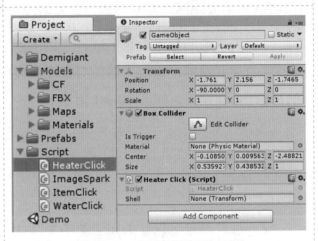

图 10-2-4 为对象添加脚本功能

STEP 05 将【Hierarchy】面板中的热水器面板模型【GaiZi_1】拖曳到【Heater Click】组件的【Shell】通道中，生成单击触发关联，如图 10-2-5 所示。

图 10-2-5 关联面板打开动画

STEP 06 单击菜单栏下方中部的【播放】
▶按钮，查看最终完成效果，其效果截图如
图 10-2-6 所示。

图 10-2-6　最终完成效果截图

10.3　相关知识

通过单击场景中的模型对象触发关联的功能是虚拟现实作品中经常使用的一种交互手法。通过编写脚本的方式将触发对象与交互对象进行关联，触发关联之后的交互方式多种多样，可以是播放动画、激活物体、切换对象属性等。

（1）为了顺利触发对象关联，正确激活
进一步的交互功能，需要对触发对象及触发
条件进行合理设置，如图 10-3-1 所示。

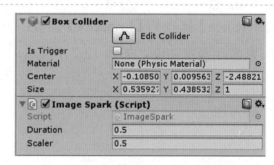

图 10-3-1　设置触发对象及触发条件

（2）触发对象可以是关闭了渲染显示的
模型对象，也可以是空对象，这样既能够灵
活调整单击触发的范围，又不会对原有素材
产生影响，如图 10-3-2 所示。

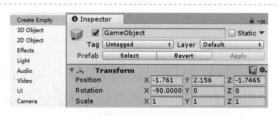

图 10-3-2　将空对象作为触发关联的对象

（3）触发对象的碰撞检测范围需要进行
合理设置，碰撞检测范围的尺寸一般需要大
于显示模型或者实际触发对象的尺寸，从而
使单击触发操作能够顺利完成，降低误触操
作或者触发失败的可能性，如图 10-3-3 所示。

图 10-3-3　合理设置碰撞检测范围

（4）在编写触发命令代码的过程中，一般需要指定触发对象被激活后的关联对象，以便进行后续操作，同时可以适当开放一些参数接口，对后续的交互功能进行调整与设置，以便后期进行修改与调试，如图 10-3-4 所示。

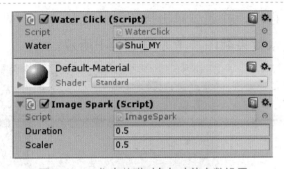

图 10-3-4 指定关联对象与功能参数设置

（5）动画类的交互内容，可以在 Unity 软件中通过编写代码完成，如图 10-3-5 所示。也可以在 3ds Max 软件中预先录制好动画，然后在 Unity 软件中进行调用播放。

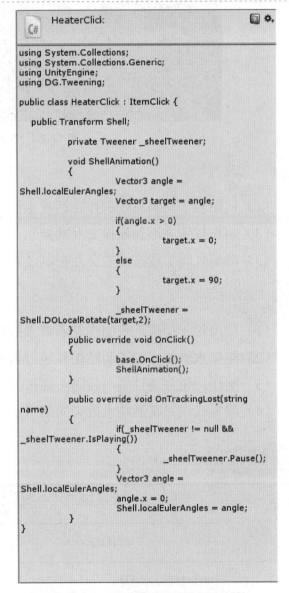

```csharp
using System.Collections;
using System.Collections.Generic;
using UnityEngine;
using DG.Tweening;

public class HeaterClick : ItemClick {

    public Transform Shell;

            private Tweener _sheelTweener;

            void ShellAnimation()
            {
                    Vector3 angle =
Shell.localEulerAngles;
                    Vector3 target = angle;

                    if(angle.x > 0)
                    {
                            target.x = 0;
                    }
                    else
                    {
                            target.x = 90;
                    }

                    _sheelTweener =
Shell.DOLocalRotate(target,2);
            }
            public override void OnClick()
            {
                    base.OnClick();
                    ShellAnimation();
            }

            public override void OnTrackingLost(string
name)
            {
                    if(_sheelTweener != null &&
_sheelTweener.IsPlaying())
                    {
                            _sheelTweener.Pause();
                    }
                    Vector3 angle =
Shell.localEulerAngles;
                    angle.x = 0;
                    Shell.localEulerAngles = angle;
            }
}
```

图 10-3-5 通过编写代码控制动画播放

10.4 实战演练

通过制作按钮来控制浴室花洒喷水的动画交互效果。使用代码控制花洒喷水的速度及溅出程度，并通过单击按钮激活交互动画。根据本项目所学的知识，完成本实例的制作。花洒喷水效果截图参考如图10-4-1所示。

图 10-4-1　花洒喷水效果截图参考

 制作要求

（1）使用粒子动画系统制作花洒喷水的动画效果。

（2）制作按钮并添加碰撞交互功能。

（3）编写代码实现按钮的交互控制及花洒喷水动画的细节调整。

制作提示

（1）使用粒子动画系统制作花洒喷水的动画过程。

（2）绘制水滴样式的透明贴图并通过调整材质模拟水的质感。

（3）制作按钮并通过编写代码实现按钮的交互控制。

（4）编写代码对花洒喷水效果的细节表现进行反复调试。

项目评价

项目实训评价表						
项目	内容		评定等级			
	学习目标	评价项目	4	3	2	1
职业能力	制作粒子动画效果	能正确绘制粒子效果贴图				
		能调整参数制作粒子动画				
	制作按钮并实现交互功能	能控制动态贴图的表现形式				
		能实现按钮与被控制对象的功能关联				
	通过参数调整粒子动画的细节表现	能根据需求调整粒子动画的细节表现				
		能通过编写代码对粒子动画进行控制				
综合评价						

项目 11 图片识别技术

图片识别技术是一种实时地计算摄像机影像的位置及角度并加上相应图像、视频、3D 模型的技术，这种技术的目标是通过扫描真实世界中的平面图像来触发三维虚拟空间中的交互功能。图片识别技术作为目前增强现实（AR）领域比较成熟、实现比较容易的技术，已经在我们日常生活中的多个领域中得到广泛运用。本项目将利用图片识别技术实现内容的 3D 展示，项目效果如图 11-0-1 所示。

图 11-0-1 项目效果

学习目标

- 了解图片识别技术的作用与原理
- 掌握 AR SDK 的注册与安装方法

- 学习创建数据库与生成识别数据的技巧
- 学习识别图片的制作与摆放方法

 项目分析

　　本项目主要在 Unity 软件中通过 Vuforia（AR SDK）的辅助，实现读取 AR 图片进行识别并展示模型的功能。在 Vuforia 界面上创建需要的特征数据库并上传图片，在场景中调整识别图片的大小与位置，使模型按需求显示。本项目主要需要完成以下 3 个环节。

　　① AR 摄像机的创建。

　　② 识别数据的生成。

　　③ 识别图片的制作。

实现步骤

11.1 AR 摄像机的创建

　　STEP 01 打开浏览器，登录 Vuforia 开发者网站，单击网页导航栏中的【Register】按钮，按界面操作提示进行账号注册，如图 11-1-1 所示。

图 11-1-1　注册账号

STEP 02 运行 Unity 2017.1.1f1，新建一个 3D 项目，将 Vuforia 6.2 安装包拖曳到【Project】面板下方，在弹出的【Import Unity Package】对话框中单击【Import】按钮完成导入，如图 11-1-2 所示。

图 11-1-2　导入 Vuforia 6.2 安装包

STEP 03 选择【Hierarchy】面板中的【Main Camera】对象，按【Delete】键将其删除。依次打开【Project】面板下的【Vuforia】与【Prefabs】文件夹，将【ARCamera】预制体对象拖曳到【Hierarchy】面板下方，新建 AR 摄像机，如图 11-1-3 所示。

图 11-1-3　新建 AR 摄像机

STEP 04 打开 Vuforia 开发者网站，单击网页导航栏中的【Develop】按钮，在【License Manager】标签页下单击【Get Development Key】按钮进行许可证注册，输入项目名称【ARRoomDemo】，并单击【Confirm】按钮完成注册，如图 11-1-4 所示。

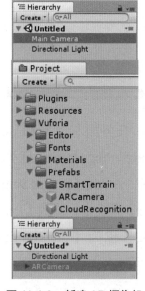

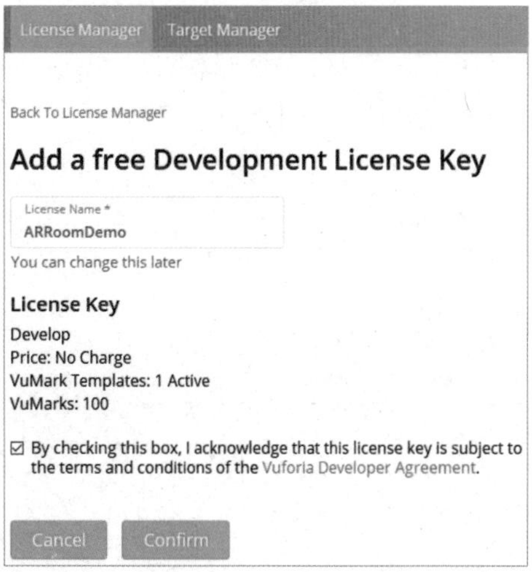

图 11-1-4　注册许可证

STEP 05 在【License Manager】标签页下单击【ARRoomDemo】许可证，在【License Key】标签页下复制长串代码。

回到 Unity，打开【Project】面板下的【Resources】文件夹，选择【VuforiaConfiguration】配置文件，在【Inspector】面板中，将复制的代码粘贴到【App License Key】输入框中，完成许可证激活，如图 11-1-5 所示。

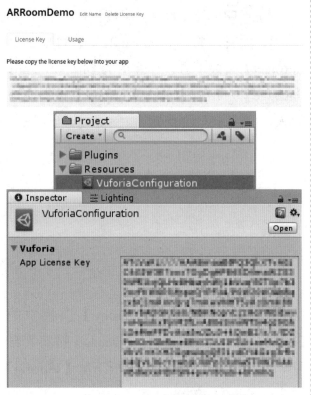

图 11-1-5　激活许可证

STEP 06 在界面左上方【File】下拉菜单中执行【Build Settings】命令，在弹出的【Build Settings】窗口中单击【Player Settings】按钮，在【Inspector】面板中，修改【Product Name】输入框中的名称为【ARRoomDemo】，如图 11-1-6 所示。

图 11-1-6　设置产品名称

11.2　识别图片的上传

STEP 01 打开 Vuforia 开发者网站，单击网页导航栏中的【Develop】按钮，在【Target Manager】标签页下单击【Add Database】按钮，在弹出的【Create Database】界面中，输入数据库名称【RoomDemo】，单击【Create】按钮，生成数据库，如图 11-2-1 所示。

图 11-2-1　生成数据库

STEP 02 在【Target Manager】标签页下单击创建的【RoomDemo】数据库，在数据库界面中单击【Add Target】按钮，在弹出的【Add Target】界面中，单击【Browse】按钮，选择本项目提供的识别图片，并设置【Width】为【1】，单击【Add】按钮完成识别图片的添加，如图 11-2-2 所示。

图 11-2-2　添加识别图片

STEP 03 在数据库界面中选择添加的识别图片，单击【Download Database】按钮，在弹出的【Download Database】界面中，选中【Unity Editor】单选按钮，单击【Download】按钮进行下载，如图 11-2-3 所示。

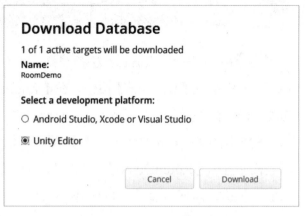

图 11-2-3　下载数据库包

STEP 04 打开 Unity，将下载好的数据库包拖曳到【Project】面板下方，在弹出的【Import Unity Package】对话框中单击【Import】按钮完成导入，如图 11-2-4 所示。

图 11-2-4　导入数据库包

STEP 05 打开【Project】面板下的【Resources】文件夹，选择【VuforiaConfiguration】配置文件，在【Inspector】面板中，勾选【Datasets】卷展栏下的【Load RoomDemo Database】与【Activate】复选框，激活数据库，如图 11-2-5 所示。

图 11-2-5　激活数据库

11.3　识别数据的生成

STEP 01 依次打开【Project】面板下的【Vuforia】与【Prefabs】文件夹,将【ImageTarget】预制体对象拖曳到【Hierarchy】面板下方,创建识别图片,如图 11-3-1 所示。

图 11-3-1　创建识别图片

STEP 02 选择【Hierarchy】面板中的【ImageTarget】预制体对象,在【Inspector】面板中,设置【Image Target Behaviour】组件下的【Database】参数为【RoomDemo】,将识别图片与数据库进行关联,如图 11-3-2 所示。

图 11-3-2　将识别图片与数据库进行关联

STEP 03 选择本项目提供的室内场景模型,将其拖曳到【Project】面板下方,在弹出的【Import Unity Package】对话框中单击【Import】按钮完成导入,如图 11-3-3 所示。

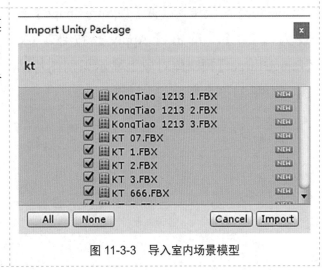

图 11-3-3　导入室内场景模型

179

STEP 04 打开【Project】面板下的
【Models】→【KT】→【Prefab】文件夹，拖
曳【KT-1213】预制体对象到【Hierarchy】
面板中，在场景中摆放室内模型，如图11-3-4
所示。

图 11-3-4　摆放室内模型

STEP 05 打开【Project】面板下的
【Editor】→【Vuforia】→【ImageTarget
Textures】→【RoomDemo】文件夹，选择
【01LengNingLu_scaled_scaled】配置文件，在
【Inspector】面板中，设置【Texture Shape】参
数为【2D】，单击【Apply】按钮，在
【ImageTarget】预制体对象上显示识别图片贴
图，如图11-3-5所示。

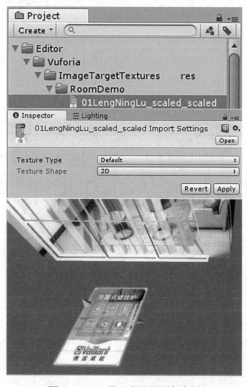

图 11-3-5　显示识别图片贴图

STEP 06　单击【Hierarchy】面板中的【ImageTarget】预制体对象，在【Inspector】面板的【Image Target Behaviour】组件下的【Width】输入框中输入【3】，将图片放大 3 倍；调整【ImageTarget】预制体对象在场景中的位置与角度，使其与室内场景模型的落地窗的方向对齐，如图 11-3-6 所示。

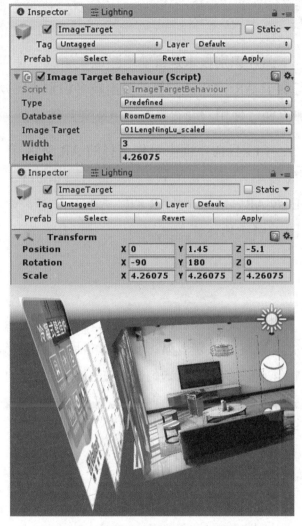

图 11-3-6　调整识别图片的大小、位置与角度

STEP 07　在【Hierarchy】面板中，将【KT-1213】对象拖曳到【ImageTarget】对象上，使其成为【ImageTarget】对象的子对象，如图 11-3-7 所示。

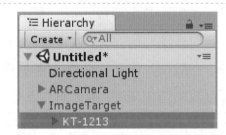

图 11-3-7　关联室内场景模型与识别图片

STEP 08　单击菜单栏下方中部的【播放】▶按钮，查看最终完成效果，如图 11-3-8 所示。

图 11-3-8　查看最终完成效果

11.4 相关知识

图片识别技术是目前增强现实领域中使用比较普遍的一种技术。选择合适的图片素材，有利于 AR 应用通过算法找出较多识别点，从而更好、更快地进行图片识别，使操作过程更加流畅，使用户获得良好的 AR 交互体验。

（1）目前市面上可供选择的 AR SDK 有很多种，使用比较广泛的有 Vuforia、Easy AR、Metaio、AR Kit、AR Core 等，如图 11-4-1 所示。

图 11-4-1　AR SDK 的种类

（2）识别图片的质量关系到识别反应速度及最终的识别效果。我们需要尽可能选择特征点较多，并且均匀分布在图片表面上的图片，这样的图片识别效果较好，如图 11-4-2所示。

图 11-4-2　识别图片的选择

（3）识别图片上传成功后，可以在数据库中看到对该图片的评分，以星级表示，5 星为最好，一般图片的评分需要在 4 星以上才能保证有较高的识别度；单击图片进行预览，在图片下方单击【Show Features】按钮，可以观察到图片表面的特征点及其分布情况，如图 11-4-3 所示。

图 11-4-3　图片的评分及图片表面特征点的分布情况

（4）识别图片与显示模型之间的比例关系，直接影响在真实世界中演示时模型的显示大小，在 Unity 中适当调整识别图片的大小及与模型之间的相对位置，可以帮助我们更好地展示模型细节，如图 11-4-4 所示。

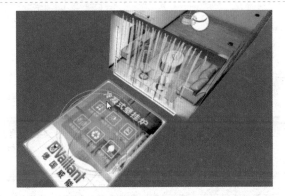

图 11-4-4　调整识别图片的大小及与模型之间的相对位置

11.5　实战演练

利用图片识别技术制作虚拟家具 AR 演示效果。设计家具造型及表面材质纹理，使用图片识别技术让模型在真实场景中展示，并且符合真实场景中的实际物体大小比例，如图 11-5-1 所示。

图 11-5-1　虚拟家具 AR 演示效果

 制作要求

（1）设计并制作家具的结构模型。

（2）制作家具不同表面的材质纹理，体现材料质感。

（3）使用图片识别技术让虚拟家具在真实场景中展示。

制作提示

（1）使用 3ds Max 设计并制作家具的结构模型。

（2）调整模型表面材质并赋予其纹理贴图，模拟真实家具材质质感。

（3）设置识别图片并与家具模型进行关联。

（4）在真实场景中展示虚拟家具并进行测试及调整。

 项目评价

项目实训评价表						
项目	内容		评定等级			
	学习目标	评价项目	4	3	2	1
职业能力	设计并制作家具的三维模型	能制作家具的基本结构模型				
		能利用多边形建模为模型添加细节				
	制作家具表面材质并赋予其纹理贴图	能调整模型材质的表现效果				
		能为模型赋予纹理贴图并正确显示				
	通过图片识别技术展示虚拟家具 AR 效果	能根据需求设置识别图片与数据库				
		能通过图片识别技术展示虚拟家具 AR 效果				
综合评价						

184

项目 12　常见 AR 技术的介绍

项目描述

　　随着 AR 技术的发展和逐渐成熟，其与各行各业的融合越来越频繁，越来越深入，正在逐渐侵入和定义各行各业的思维模式和运作方式。近年来，AR 技术受到了研究人员的广泛关注，在计算机视觉与人工智能技术的推动下，其表现出了强劲的发展势头。未来，AR 技术将在很大程度上改变人类生活，是科技发展的趋势。项目效果如图 12-0-1 所示。

图 12-0-1　项目效果

学习目标

- 了解常见的 AR 技术
- 了解目前 AR 技术的发展情况和发展趋势
- 了解 AR 眼镜和全息投影技术的应用原理
- 了解 AR 大屏互动技术的应用原理

项目分析

AR 技术可以让用户在真实场景下体验虚拟的产品，和虚拟的物体进行互动。借助 AR 设备从工业系统中捕获信息，维修人员可以获得每台设备与操作流程的检测和诊断数据并可视化，从而找到可能出现问题的源头，并进行维修。而空间扫描实时定位、全息投影技术和硬件交互设备相结合，则能给用户带来沉浸式的体验，这也将是 AR 技术发展的趋势。本项目主要分析下面 3 种技术。

① AR 大屏互动技术的应用。

② AR 眼镜在工业中的应用。

③ 沉浸式互动技术的应用。

实现步骤

12.1 AR 大屏互动技术的应用

STEP 01 在 AR 互动中有一种互动方式叫作 AR 大屏互动，主要被应用在商场、发布会、展厅、博物馆等场合。一般的 AR 互动参与人群小，而 AR 大屏互动更适合多人一起参与。另外，AR 大屏互动的屏幕大，更能吸引用户，其效果如图 12-1-1 所示。

图 12-1-1　AR 大屏互动的效果（1）

STEP 02 在场地中安装和调试设备，如图 12-1-2 所示。AR 大屏互动由硬件和软件组成。

硬件：LED 屏、液晶拼接屏、投影幕、高流明投影机、红外线感应器、雷达传感器、AR 摄像头中控主机。根据具体情况还需要安装摇头灯、风机、造雾机等舞台灯光设备。

软件：互动软件、三维动画设计软件。

图 12-1-2　安装和调试设备

STEP 03 AR 识别需要用到图片识别、人脸识别、手势识别等技术。在互动的现场，会有引导员引导用户进行操作。

在依靠图片识别时，地面上往往有一张图片，图片的作用是让程序计算出其中的变换矩阵，能够把模型叠加在现实场景的地面上，如图 12-1-3 所示。

图 12-1-3　地面上的图片的作用

STEP 04 引导员手中拿着的特定图片标记用于触发不同模型的出现，如图 12-1-4 所示。

图 12-1-4　特定图片标记的作用

STEP 05 识别图片的选择有一定的要求：特征点（图片中明暗变化强的地方）足够多，特征点分布均匀，如图 12-1-5 所示。

图 12-1-5　识别图片的选择要求

STEP 06 在进行手势识别时，引导员会做一些特定的手势，从而触发事先预设好的特效。如图 12-1-6 所示，引导员张开手臂的动作能够触发一组闪电特效。

图 12-1-6　闪电特效

STEP 07 如图 12-1-7 所示，引导员一挥手，海豚就跃出水面和孩子们进行互动，这也是手势识别技术的一种。

图 12-1-7　手势识别

STEP 08 如图 12-1-8 所示，引导员挥手，虚拟的宇航员也会跟着做挥手的动作。

图 12-1-8　动作识别

STEP 09 如果引导员做出伸开双臂往前走的动作，那么虚拟的宇航员会做出向前漫游的动作，这是一组动作识别的 AR 技术，如图 12-1-9 所示。

图 12-1-9　向前漫游

STEP 10 AR 动作识别的过程是首先通过红外感应设备捕捉人体动作，然后通过系统分析处理捕捉到的动作，并将得到的数据结果与互动软件结合，从而让参与者与大屏产生互动，效果如图 12-1-10 所示。

图 12-1-10　AR 大屏互动的效果（2）

12.2 AR 眼镜在工业中的应用

STEP 01 AR 眼镜在工业和日常生活中都有广泛的应用，尤其适用于工业中操作烦琐、操作流程长、对效率要求高、对工作结果的安全性要求高的领域（如能源、制造、军工、物流、汽修装配等），如图 12-2-1 所示。

图 12-2-1　AR 眼镜的应用

STEP 02 在大型设备生产现场，佩戴 AR 眼镜，根据画面的指导，进行标准化的操作，技术人员可看到接下来的工作步骤、面前的设备或物品的信息，以及工作行动路线，不仅能避免出错，还能提高工作效率、缩短培训周期，如图 12-2-2 所示。

图 12-2-2　指导操作

STEP 03 如果遇到问题，佩戴 AR 眼镜，与专家进行远程连线，专家就能以第一视角观察情况，进而了解问题所在，及时指导处理，如图 12-2-3 所示。

图 12-2-3　专家远程指导

STEP 04 维修人员佩戴 AR 眼镜，扫描机器后就可以得知设备的产品型号、维修记录等。维修人员可以直接下载设备的维修手册，其显示了解决设备故障的具体操作步骤，甚至细到如何拆卸零部件，这样可以大大减少维修人员的培训费用、缩短培训周期，如图 12-2-4 所示。

图 12-2-4　获取产品信息

STEP 05 在工业领域的操作类培训中，学员佩戴 AR 眼镜，由系统指导所有的标准操作步骤，学习场景与工作场景无限接近直至重叠，其解放了培训人员的双手，极大地提高了培训时的用户体验，如图 12-2-5 所示。

图 12-2-5　操作培训

STEP 06 以汽车维修为例，AR 眼镜可以指导维修人员如何拆卸汽车的前保险杠，如图 12-2-6 所示。

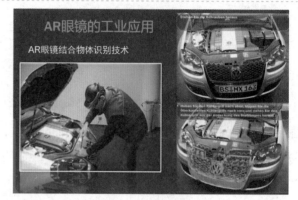

图 12-2-6　指导拆卸

STEP 07 如图 12-2-7 所示，一个虚拟的扳手在演示拆装的一些步骤，以及拆卸哪些零部件。

注：图 12-2-7 只给出了截图参考。

图 12-2-7　指导装配

STEP 08 一些虚拟的箭头可以指导维修人员如何拆除卡扣。如图 12-2-8 所示，虚拟的箭头和虚拟的前保险杠模型指导维修人员如何把前保险杠从当前的位置拆卸下来。

这是 AR 眼镜结合 3D 图片识别技术，指导维修人员如何操作一些设备的应用场景。

图 12-2-8　虚拟的箭头

12.3　沉浸式互动技术的应用

STEP 01　本节案例讲述的是 AR 技术的发展趋势，包括空间扫描实时定位、全息投影技术（见图 12-3-1）及硬件交互设备。

图 12-3-1　全息投影技术

STEP 02　用户的头部戴了一组AR设备，如图 12-3-2 所示。

图 12-3-2　戴上 AR 设备

STEP 03　设备会实时扫描现实环境，进行空间定位，如图 12-3-3 所示。

图 12-3-3　实时扫描

STEP 04　扫描之后会叠加出一些 AR 效果，同时指示用户如何使用这些设备，如图 12-3-4 所示。

图 12-3-4　指示用户如何使用设备

STEP 05 如图 12-3-5 所示，虚拟的敌人出现在现实环境中。

图 12-3-5　出现虚拟的敌人

STEP 06 用户通过手持的交互设备可以和虚拟的敌人作战，如图 12-3-6 所示。

图 12-3-6　和虚拟的敌人作战

STEP 07 空间扫描实时定位、全息投影技术及硬件交互设备这三者相结合，可以给用户带来沉浸式的体验，如图 12-3-7 所示。

图 12-3-7　沉浸式的体验

STEP 08 全息投影技术是通过虚拟成像技术来记录并再现物体真实的三维图像的一种技术，如图 12-3-8 所示。

图 12-3-8　虚拟成像技术

12.4　相关知识

AR 技术主要应用于如下领域。

1）教育

如图 12-4-1 所示，将交互式 3D 模型投射在 AR 中，其可以把抽象的概念和物体一步步拆分，学生可以利用移动设备探索物体的虚拟 3D 模型，了解各种物体的内部构造，产生直观的感受。

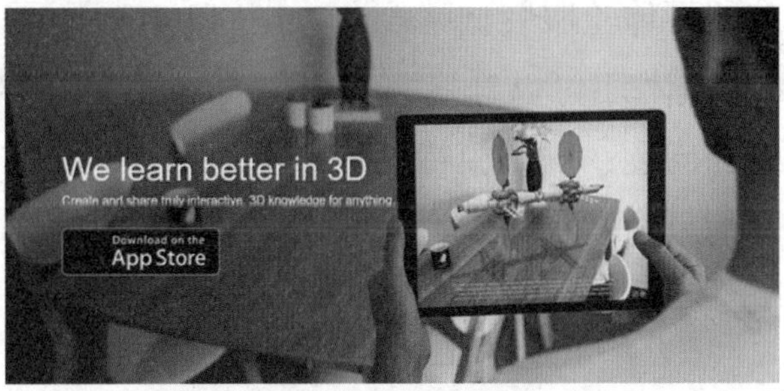

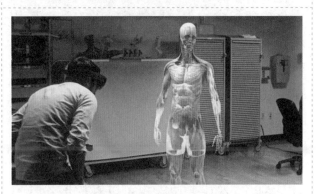

图 12-4-1　教育中的应用

2）健康医疗

如图 12-4-2 所示，健康医疗是 AR 技术的主要应用领域之一，而且 AR 技术在医学上的应用案例已经越来越多，在病患分析、手术治疗等方面都有成功的应用。

图 12-4-2　健康医疗中的应用

3）企业培训

AR 技术在企业培训领域中的应用，已经引起了众多企业的关注。企业正在寻求更多的体验式学习，引导员工通过佩戴 AR 眼镜接受培训，并测试员工在真实工厂环境中的操作能力，如图 12-4-3 所示。

图 12-4-3　企业培训中的应用

4）零售购物

头戴设备的种种缺陷，意味着在未来几年内，智能手机将是 AR 技术的首选载体。它可以让消费者实时查看有关零售店内产品的信息，并使用计算机视觉技术和店内跟踪来帮助消费者找到需要的商品，如图 12-4-4 所示。实体零售店的货架将成为 AR 促销的新战场。

图 12-4-4　零售购物中的应用

5）虚拟试衣镜

目前越来越多的商店已经采用 AR 技术进行试衣体验。虚拟试衣镜使购物者无须换装即可体验服装试穿效果，如图 12-4-5 所示。AR 技术还可以解决网上购物的一个令人头痛的问题：网站模特照片与现实穿衣效果之间的差距。

图 12-4-5　虚拟试衣镜中的应用

6）基于地理位置的广告营销

结合 AR 的地理位置广告，可以让开发人员构建包含地理位置触发元素的 AR 应用程序。比如当我们路过每家餐厅和商店时，可以触发浮动广告或销售报价，如图 12-4-6 所示。可以预见，现实世界中的 AR 用户营销即将到来。

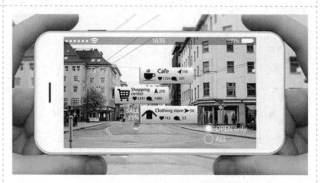

图 12-4-6　基于地理位置的广告营销中的应用

7）室内设计

AR 技术让普通人也可以轻松地设计室内装潢与进行家居布置。AR 技术还具有保存或将产品添加到购物车的功能，让准买家可以将其选择的家具以虚拟方式摆放在希望购买或租赁的商业空间或住宅中，以查看最佳效果，如图 12-4-7 所示。

图 12-4-7　室内设计中的应用

8）平视显示器

平视显示器（HUD）是 AR 技术在汽车市场上的突破性应用，可以将汽车行驶信息及交通信息投射在挡风玻璃上，在行驶过程中，驾驶员不需要转移视线。佩戴 HUD，摩托车驾驶员可以实时了解行驶信息，如图 12-4-8 所示。

图 12-4-8　平视显示器中的应用

9）AR 博物馆

传统的博物馆正在使用新科技吸引游客，通过历史与科技的结合，打造不一样的参观体验，观众可以通过智能手机的 AR 应用，观察各种动植物图鉴及详情，如图 12-4-9 所示。

图 12-4-9　AR 博物馆中的应用

12.5　实战演练

AR 技术在近几年取得了创纪录的发展，增强型世博会和消费电子展显示了 AR 行业近期的大量进展。在不久的将来，随着市场上新软件、硬件和应用的出现，AR 技术也将进一步发展。请了解和概述目前最新的 AR 技术发展趋势，示例如图 12-5-1 所示。

图 12-5-1　AR 技术发展趋势

思路提示

（1）趋势 1：移动 AR 正在抢占并改变聚光灯市场。

（2）趋势 2：AR 成为一种新的购物方式。

（3）趋势 3：AR 为室内导航提供解决方案。

（4）趋势 4：企业 AR 解决方案。

（5）趋势 5：人工智能促进 AR 的发展。

（6）趋势 6：Web AR。

（7）趋势 7：通过共享 AR 进行协作和远程协助。

（8）趋势 8：汽车行业中的 AR。

（9）趋势 9：市场不断发展和注入创新活力。

项目评价

项目实训评价表						
项目	内容		评定等级			
	学习目标	评价项目	4	3	2	1
职业能力	AR 技术的原理	知道 AR 技术的原理				
		了解常见的 AR 技术				
	正确选择识别图片	能创建 AR 摄像机				
		能掌握适合图片识别的图片特征				
		能正确选择识别图片				
		能上传和设置图片用于图片识别				
	了解 AR 技术	了解目前 AR 技术的发展情况				
		了解 AR 技术的发展趋势				
综合评价						